いにしえより、多くの ぼうけんしゃが
いどんだという サンスウ神のとう。

高くそびえる とうでは 強大な チカラを 持つ
まおうたちが 待ちかまえて 道をふさぎ、
だれ一人として のぼりきった 者はいない。

ふたりの ゆうしゃと あいぼうの はてなスライムは、
とうの ナゾを ときあかすため、
算数の チカラで サンスウ神のとうに いどむのであった。

● この本の使いかた（保護者の方へ）●

◆各問題の答えは、巻末にまとめて掲載しています。

◆本書は11体の手強いまおうが次々と登場する、スペシャルな内容になっています。
小学校低学年には、少し難しい、一歩先を行くハイレベルな問題も一部含まれますため、
ぜひご家族で挑戦してください。

ゆうしゃ(キミ)

ドリルガルドという 世界を
ぼうけんする 少年少女。
多くの ナゾに つつまれた
サンスウ神のとうに いどむために
ゆうしゃの 算数の チカラを
みがいてきた。

はてなスライム

モンスターだが 人間が 大すきな
かわりものの スライム。
ゆうしゃが 生まれたときから
いっしょに すごしてきた。
とっても もの知りな たよれる なかまだ。

さあ! ぼうけんの たびに しゅっぱつだ!

問題が解けたら、冒険が進んだしるしに付属の「ぼうけんシール」から該当のシールをはがし、巻頭の「サンスウ神のとうの地図」に貼りましょう。どのシールを貼るかは、各問題ページに記載しています。

❶各問題ページの最後に、クリアしたらどのシールを貼ればいいかが記載されています。

❷「ぼうけんシール」の中から、そのシールをさがしてはがします。

❸巻頭の「サンスウ神のとうの地図」の、その問題の番号のマスにシールを貼りましょう。

とうの 入口の とびらを あけよう！

ここが サンスウ神のとうの 入口だね！
あれ？ とびらに もんだいが 書いてある！
もんだいを とけば とびらが ひらくかな？

はてなスライム

とうの入口

計算問題

クリアした日

月　日

大きな とびらの 左右には もんだいが
書いてあります。つぎの といに 答えて
とびらを ひらきましょう。

 左がわの とびらの 計算が 正しい 式になるように、
□の中に ＋(足す)か －(引く)を 入れましょう。

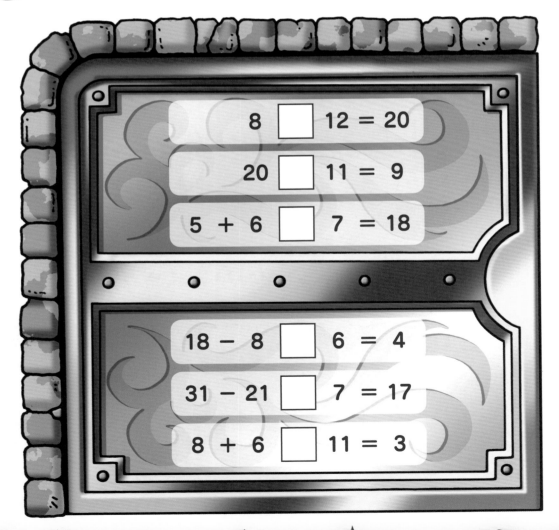

8 □ 12 = 20

20 □ 11 = 9

5 ＋ 6 □ 7 = 18

18 － 8 □ 6 = 4

31 － 21 □ 7 = 17

8 ＋ 6 □ 11 = 3

② 右がわの とびらの 計算が 正しい 式になるように、
□の中に 下の ▭ から 数字を えらんで 入れましょう。
数字は それぞれ 1回しか 使えません。

$$\square - 9 = 5$$

$$\square + 8 = 23$$

$$30 - \square = 14$$

$$20 - \square + \square = 18$$

$$18 + \square - \square = 17$$

6、8、11、12、14、15、16

サンスウ神のとうの
とびらが ひらいた!
とうの中に 入れるようになった!

地図の ❶ に
このシールを
はろう!

とびらが ひらいたよ!
これで 中に 入れるね。

いったい 何が
まちうけて いるのかな?

ゆうしゃ・女の子

小さな へやの 中に 石ばんが あるわ。
石ばんに 書かれた 合ことばを 見つけないと
この へやから 先に すすめないみたい!?

計算・文章問題

クリアした日

月　日

入口を 入った 小べやには 2まいの 石ばんが
おかれています。下の 石ばんに 書かれた 計算の 答えが、
右ページの 合ことばを とく ヒントに なっています。
計算を といて 右ページの ぶんしょうから 合ことばを 見つけましょう。

18 ＋ 6 － 22 ＝ ☐　　　5 ＋ 3 ＋ 1 ＝ ☐

☐ 23 － 17 ＝ **6**　　　● 12 ＋ 9 ＝ ☐

17 ＋ 23 － 29 ＝ ☐　　　☆ 9 ＋ 11 － 8 ＝ ☐

55 － 34 － 16 ＝ ☐　　　3 ＋ 21 － 20 ＝ ☐

7 － 3 ＋ 7 ＝ ☐　　　21 － 14 － 5 ＝ ☐

☐の ばあいは 答えが
6だから 右ページの
☐を 6マスぶん 数えた
「の」に なるんだね！

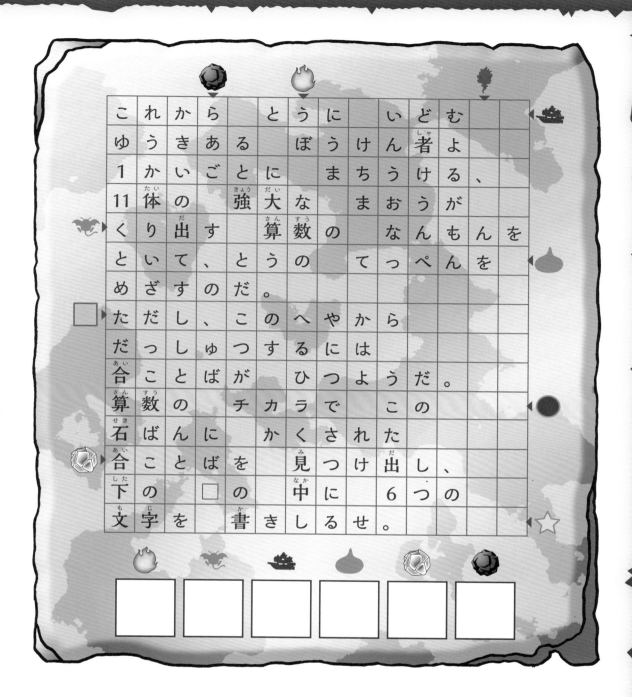

これから　とうに　いどむ
ゆうきある　ぼうけん者よ、
1かいごとに　まちうける、
11体の　強大な　まおうが
くり出す　算数の　なんもんを
といて、とうの　てっぺんを
めざすのだ。
ただし、この　へやから
だっしゅつする　には
合ことばが　ひつようだ。
算数の　チカラで　この
石ばんに　かくされた
合ことばを　見つけ出し、
下の□の　中に　6つの
文字を　書きしるせ。

石ばんの　合ことばを　はっけんした！
小べやの　とびらが　ひらいた！

地図の❷に
このシールを
はろう！

11体の　まおうが
まちうけているのか！

とびらの　むこうに
だれか　いるみたい！

とうの 中は 外で 見たより ふしぎと
広いね！ あっ！ へやの ちゅうおうに だれか
いるよ！ あれは…!?

りゅうおう

「よくぞ 来た、算数の チカラを もつ ゆうしゃよ！
わしが りゅうおうである。まずは このとうに いどむ
チカラが あるかを ためさせてもらおう」
1体目の まおう、りゅうおうが まちかまえていました。
りゅうおうが くり出す もんだいを ときましょう！

 りゅうおうは さまざまな 数の 半分が いくつになるかを
聞いてきました。つぎの 問いに 答えましょう。

❶ 6この 半分は？

答え _____ こ

❷ 30分の 半分は？

答え _____ 分

❸ 80cmの 半分は？

答え _____ cm

❹ 14人の 半分は？

答え _____ 人

❺ 1時間30分の 半分は？

答え _____ 分

1時間は 60分だから
60分と 30分を
合計した 時間の
半分だね！

りゅうおうは マス目に 書かれた 3つの 図形を ちょうど 半分にすると どんな形になるかを 聞いてきました。 つぎの 図形の 半分にした形が どれになるか ◻ の ア〜ケの中から えらびましょう。

❶

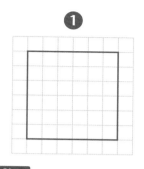

答え _____

❷

答え _____

❸

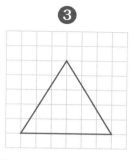

答え _____

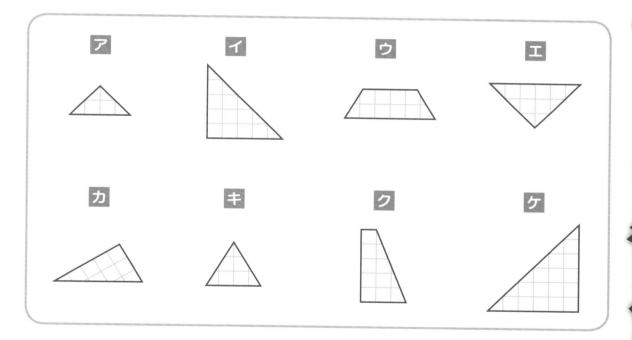

ア　　　　　イ　　　　　ウ　　　　　エ

カ　　　　　キ　　　　　ク　　　　　ケ

りゅうおうの もんだいを といた！
りゅうおうが しんの すがたを
あらわす……！

地図の❸に
このシールを
はろう！

りょうおうの すがたが
うすれていくよ……!?

ああ！ 大きな りゅうに
へんしんしていくわ！

はげしいほのおの こうげきを ふせごう！

ゆうしゃ・男の子

わっ！　りゅうおうが　きょだいな　りゅうの
すがたに　へんしんした!?
ものすごい　ほのおを　はきだしてきたよ！

りゅうおうが　しんの　すがたを　あらわしました！
はげしいほのおに　あわせて　とんでくる　もんだいを
といて　ほのおを　うちけしましょう！

❶ 32 ＋ 21

＝

❷ 25 ＋ 40

＝

❸ 19 ＋ 51

＝

りゅうおう

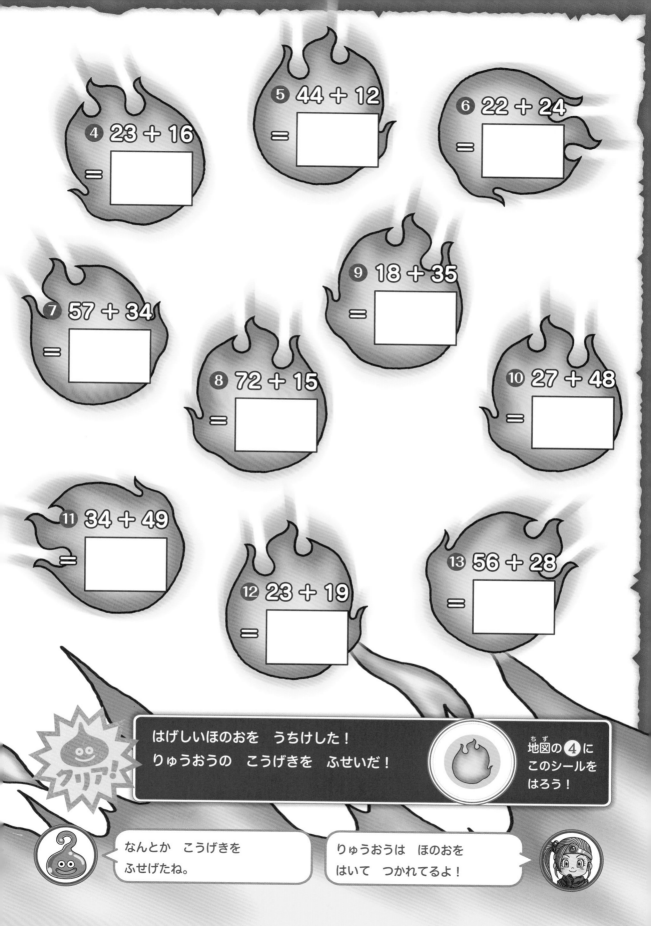

はてなスライム
りゅうおうは　つかれているみたいだよ！
いまのうちに　算数の　チカラで
りゅうおうの　うごきを　ふうじるんだ！

とう1かい

	21		
	−		
10	+	4	=	
	=		+	
		9	−		+	19
			=			−
	+		−	11	+	
	9					=
	=					

りゅうおう

たくさんの 計算が たてと よこに りゅうおうの うごきを ふうじるように ならんでいます。
正しい 計算に なるように □の 中に 数字を 入れましょう。

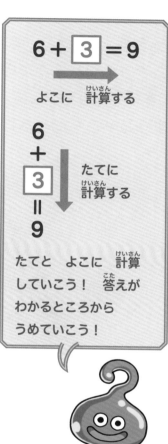

6 + 3 = 9
よこに 計算する

6
+
3
=
9
たてに 計算する

たてと よこに 計算 していこう！ 答えが わかるところから うめていこう！

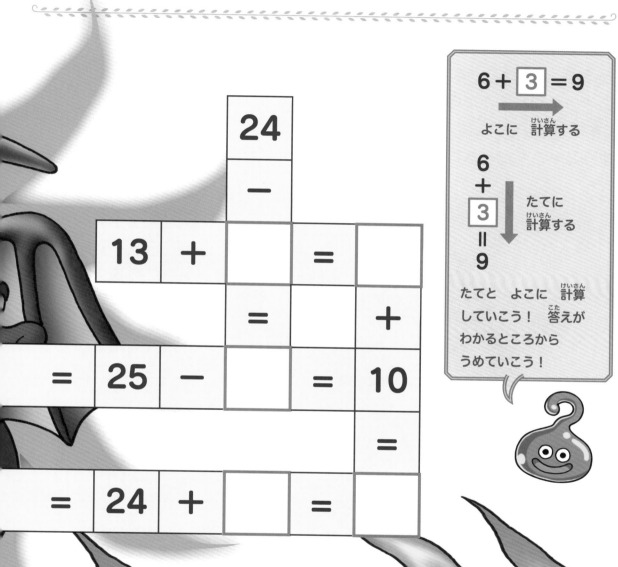

24
−
13 + □ = □
= +
= 25 − □ = 10
=
= 24 + □ = □

りゅうおうの うごきを ふうじた！
りゅうおうは うごかなくなった！

地図の⑤に このシールを はろう！

今のうちに つぎの かいに すすめるね！

そーっと かいだんを のぼって 2かいへ いきましょう！

はかいしんシドーが おそいかかる!

 はてなスライム

とうの 2かいに ついたよ。
わーーー!!! おそろしい まものが
いきなり おそいかかってきたよ!!

計算問題
クリアした日
月　日

とうの 2かいで まちうけて、ゆうしゃたちに いきなり
おそいかかってきたのは はかいしんシドーでした。
6本の りょう手足に 10この 岩をもっていて、
ゆうしゃたちに なげつけてこようと しています!

はかいしんシドー

10この 岩には それぞれ 1から10までの 数字が かくされています。
岩の 数字が 分かれば こうげきを 見切って よけられそうです。
ア から コ には、1から 10の 数字が 1回だけ 入ります。
同じ 数字は 2回は 入りません。
はかいしんシドーが もつ 岩の 数字を みぬきましょう。

ア ＋ エ ＝ 3

エ － ア ＝ 1

ア ＋ ウ ＝ 4

ウ － ア ＝ 2

ウ ＋ ク ＝ 7

イ ＋ エ ＝ 7

ア ＋ オ ＝ 10

オ － カ ＝ 1

エ ＋ ケ ＝ 9

ウ ＋ カ ＝ 11

エ ＋ キ ＝ 8

ク ＋ コ ＝ 14

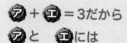
ア ＋ エ ＝3だから
ア と エ には
1と 2が
入るのかな？
エ － ア ＝1だから
エ のほうが 大きい
数字だね。

ア	イ	ウ	エ	オ	カ	キ	ク	ケ	コ

数字を みやぶって はかいしんシドーの
こうげきを かわした！

地図の ❻ に
このシールを
はろう！

岩を なげすぎて
ちょっと つかれている みたい！

どうにかして うごきを
とめないと……！

はかいしんシドーの うごきを とめよう！

あれ？ どこからか わからないけど、
くさりが まおうの まわりに あらわれたよ！
これで まおうの うごきを とめられるかも！

計算問題
クリアした日
月　日

とう2かい

あばれまわる はかいしんシドーの うごきを、くさりで
しっかり とめるには、くさりの つなぎ目に 書かれた 計算を
とく ひつようがあります。くさりで つながっている
計算の 答えを ○の 中に 書いて はかいしんシドーの
うごきを とめましょう。

スタート！

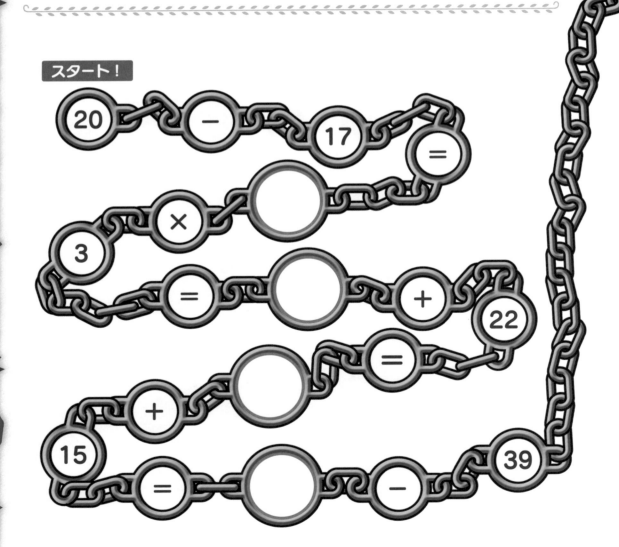

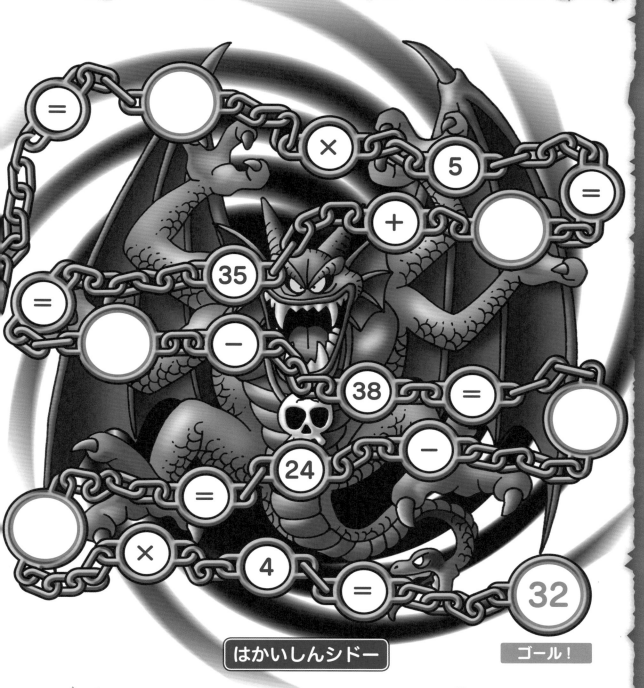

はかいしんシドー

ゴール！

クリア！

はかいしんシドーの　うごきを
ふうじた！　はかいしんシドーは
うごかなくなった！

地図の **7** に
このシールを
はろう！

くさりは　だれが
出してくれたのかな……？

でも　これで　3かいへ
すすむことができるね！

だいまおうゾーマ とうじょう

とう3かい

はてなスライム: 3かいは まっくらだね。まわりが ぜんぜん 見えないから ふたりとも 気をつけてね！ ああ やみの 中に まおうが あらわれたよ！

だいまおうゾーマは やみのころもを からだの まわりに まとっていて、ふれることが できません。まずは やみのころもの まわりにある 8つの 数字を 算数のチカラで うちけしましょう。

だいまおうゾーマ

10から 80までの 8つの 数字を、足し算や 引き算の 計算を つかって 数字を うちけそう！

---

1 ゾーマを まもる 10、20、30、40、50、60、70、80の 数字を、下の 4つの 計算式が 正しくなるように □の 中に 入れましょう。
ただし、それぞれの 数字は 1回ずつしか 使えません。

□ ＋ □ ＝ 90　　　□ ＋ □ ＝ 90

□ ＋ □ ＝ 90　　　□ ＋ □ ＝ 90

② やみのころもは まだまだ かたく ゾーマを まもっています。

10、20、30、40、50、60、70、80の 数字を、下の 4つの 計算式が 正しくなるように □の 中に 入れましょう。

ただし、それぞれの 数字は 1回ずつしか 使えません。

□ － □ = 20　　□ － □ = 20

□ － □ = 20　　□ － □ = 20

③ もう少して ゾーマを まもる やみのころもは うちけすことが できそうです。

10、20、30、40、50、60、70、80の 数字を、下の 2つの 計算式が 正しくなるように □の 中に 入れましょう。

ただし、それぞれの 数字は 1回ずつしか 使えません。

□ ＋ □ ＋ □ － □ = 120

□ ＋ □ － □ － □ = 120

④ ついに やみのころもを うちけせます！ やみのころもは 4つの 数字で できていて、その 4つの 数字を ぜんぶ 足すと 110になります。

10、20、30、40、50、60、70、80の 数字の 中から 4つの 数字を 選んで、下の □の中に 入れましょう。

答え □　□　□　□

だいまおうゾーマを まもっていた やみのころもを うちけした！

地図の **⑧** に このシールを はろう！

見て！ おおっていた やみが はれていくよ！

これからが 本番よ！ 気を 引きしめましょう！

強力な こおりの じゅもん マヒャド！

ゆうしゃ・女の子

くらやみは はれたけど きゅうに さむく
なってきた……。ああっ！ 大きな こおりの
かたまりが たくさん ふってきたわ！

だいまおうゾーマは 強力な こおりの じゅもん マヒャドを
れんぞくで となえて、たくさんの 大きな こおりの
かたまりを ゆうしゃたちに ふらせてきました！
こおりに 書かれた 計算の 答えを □に 書いて、
こおりを うちくだいて こうげきを ふせぎましょう。

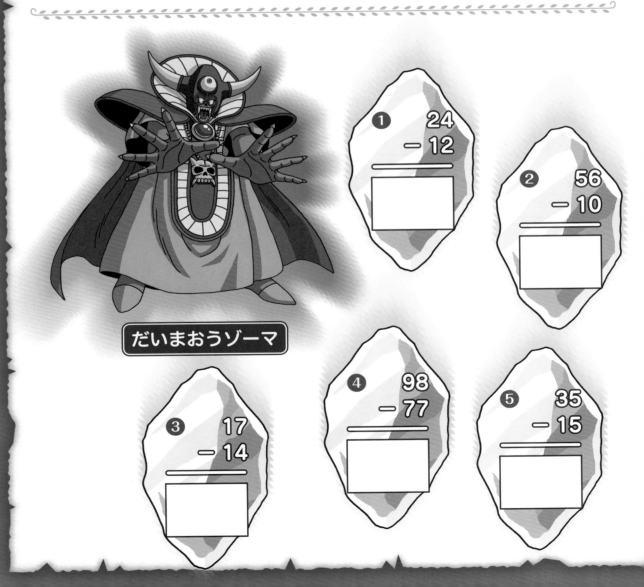

だいまおうゾーマ

① 24 − 12

② 56 − 10

③ 17 − 14

④ 98 − 77

⑤ 35 − 15

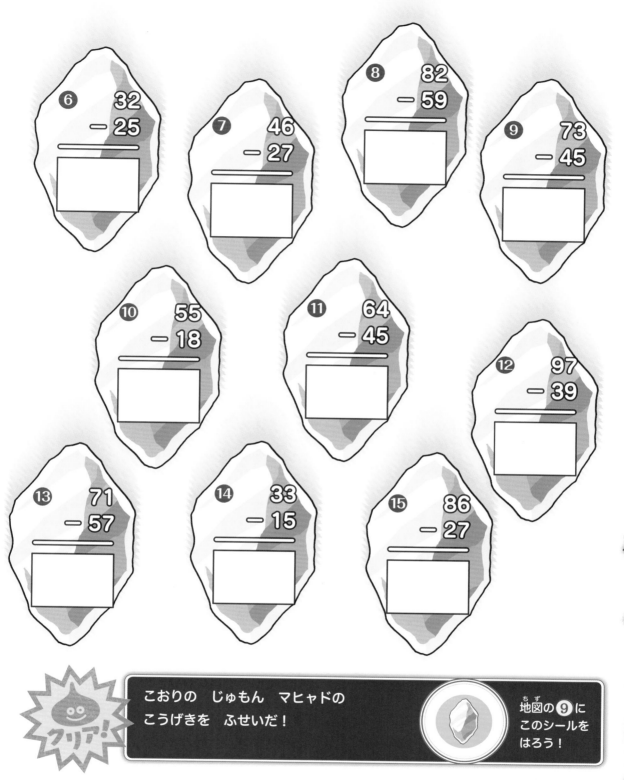

⑥ 32 − 25

⑦ 46 − 27

⑧ 82 − 59

⑨ 73 − 45

⑩ 55 − 18

⑪ 64 − 45

⑫ 97 − 39

⑬ 71 − 57

⑭ 33 − 15

⑮ 86 − 27

こおりの　じゅもん　マヒャドの
こうげきを　ふせいだ！

地図の⑨に
このシールを
はろう！

クリア！

なんとか　こおりを　くだいて
こうげきを　ふせげたよ！

あ！　また　てんじょうから
なにかが　おりてくる！

はてなスライム
てんじょうから　おおきな　つるぎが
おりてきたよ！　もしかしたら　この　つるぎを
つかえば　うごきを　ふうじられるかも！

計算問題
クリアした日
月　日

つるぎに　あらわれた　計算を　とけば　だいまおうゾーマを
ふうじられます。ア イ ウ エ オ カ キ の　7つの
ばしょには、数字、＋(足す)、－(引く)の
いずれかが　入ります。
答えを　右ページの　□の
中に　書きましょう。

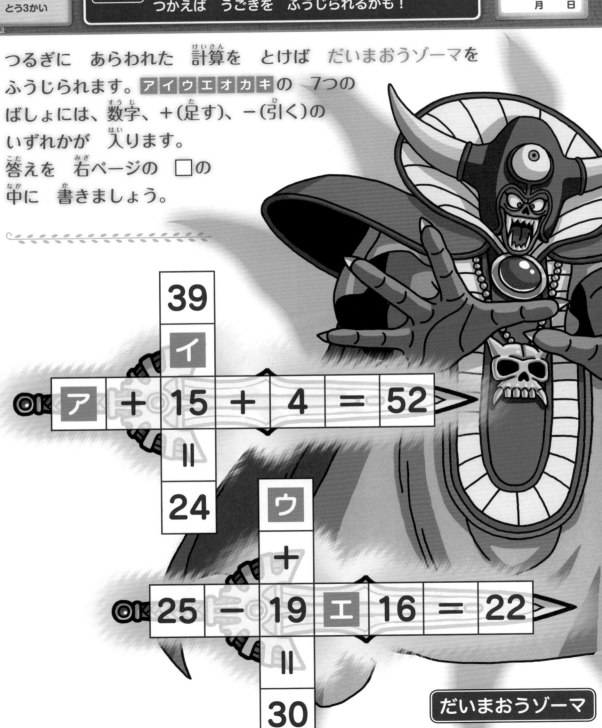

39
イ
ア　＋　15　＋　4　＝　52
＝
24

ウ
＋
25　－　19　エ　16　＝　22
＝
30

だいまおうゾーマ

アイウエオカキの 数字と 記号を 正しく ならべると
あらたな 計算が あらわれます。
計算を といて 答えを 書きましょう。

ア	イ	ウ	エ	オ	カ	キ

答え

$$= \underline{\hspace{6cm}}$$

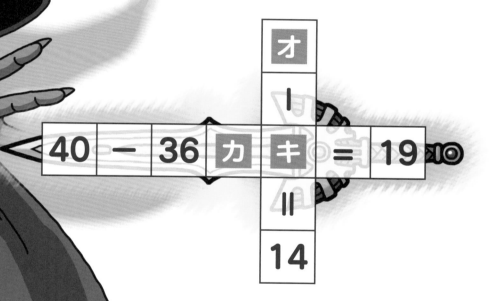

$$40 - 36 \boxed{カ} \boxed{キ} = 19$$

オ
|
＝
14

だいまおうゾーマの うごきを
ふうじた！ だいまおうゾーマは
うごかなくなった

地図の ⑩に
このシールを
はろう！

クリア！

算数の チカラで まおうの
うごきを とめられたね！

やっぱり だれかが 手を かして
くれているのかな？

とうの 長い かいだんを のぼろう！

はてなスライム

3かいから 4かいの かいだんは かなり 長い みたいだね。あれ？ かいだんも 算数の 計算に なっているみたいだよ！

とうのかいだん

かいだんの 1だんごとに 数字と 記号が 書かれています。□の 中に 計算の 答えを 書きながら、気をつけて かいだんを のぼって いきましょう。

51と 9の あいだに ＋が あるから 足して 答えの 60を 書いて いけば いいんだね。

2つの 数字を ＋、ー、×の 計算で とけば いいんだね。

かいだんは ころぶと
あぶないから
気をつけて ゆっくり
のぼりましょう！

もんだいを ときながら 気をつけて
かいだんを のぼった。
とうの 4かいに たどりついた！

地図の 11 に
このシールを
はろう！

モンスターが いないから
ゆっくり のぼれたわ。

しっかり 休めたね。
さあ 4かいに いどもう！

とう4かい

ゆうしゃ・女の子

4かいに ついたね。むこうに すごく
かっこいい 人が いるけど だれだろう？
あ！ けんを かまえて こうげきしてくるよ！

計算問題
クリアした日
月 日

まけんしピサロは けんを かまえると するどく
2回 れんぞくの こうげきを してきました。
こうげきは クロスして 2つの 数字と 同時に
かけ算となって おそいかかってきます。
　2つの 数字の かけ算を といて
まけんしピサロの こうげきを
はねかえしましょう。

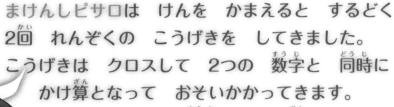

まけんしピサロ

この ばあいは
2 かける 2で
答えは 4に なるよ！

❶

4 6

答え _____

❷

2 8

答え _____

❸

5 5

答え _____

❹

8 7

答え _____

❺

3 9

答え _____

❻

6 8

答え _____

⑦

7 4

<ruby>答<rt>こた</rt></ruby>え _____

⑧

6 6

<ruby>答<rt>こた</rt></ruby>え _____

⑨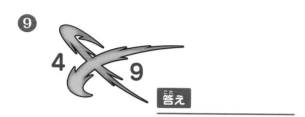

4 9

<ruby>答<rt>こた</rt></ruby>え _____

⑩

3 7

<ruby>答<rt>こた</rt></ruby>え _____

⑪

2 5

<ruby>答<rt>こた</rt></ruby>え _____

⑫

5 7

<ruby>答<rt>こた</rt></ruby>え _____

⑬

4 1

<ruby>答<rt>こた</rt></ruby>え _____

⑭

9 9

<ruby>答<rt>こた</rt></ruby>え _____

⑮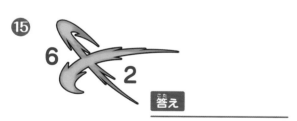

6 2

<ruby>答<rt>こた</rt></ruby>え _____

⑯

3 8

<ruby>答<rt>こた</rt></ruby>え _____

クリア！

まけんしピサロの　するどい　こうげきを
はねかえした！　まけんしピサロが
しんの　すがたを　あらわす……！

<ruby>地図<rt>ちず</rt></ruby>の ⑫ に
このシールを
はろう！

<ruby>本当<rt>ほんとう</rt></ruby>に　あぶなかった！
ぎりぎりだったよ！

<ruby>見<rt>み</rt></ruby>て！　<ruby>大<rt>おお</rt></ruby>きな　すがたに
へんしんしていくよ!!

はてなスライム

ああ！ おそろしい すがたに へんしんしたよ！
するどい ツメや おおきな キバの
こうげきを うけないように 気をつけて！

計算問題
クリアした日
月 日

まけんしピサロは デスピサロに
へんしんすると、りょう手の
するどい ツメを ふりかざして
こうごに こうげきしてきました！
ツメに 書かれた 4つの
数字を 足し算と 引き算で
計算して、答えが 10に
なるように □の 中に 数字が
大きいほうから 書きましょう。

デスピサロ

$$6 + 5 + 1 - 2 = 10$$

この ばあいは 数字の 大きいほうから
6、3、2、1と 書けば せいかいだね！

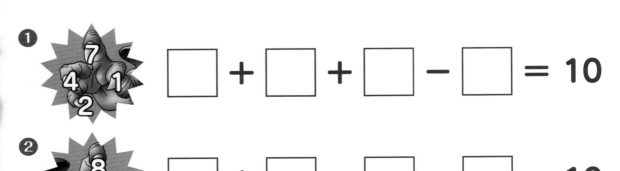

❶ $$\square + \square + \square - \square = 10$$

❷ $$\square + \square - \square - \square = 10$$

❸ 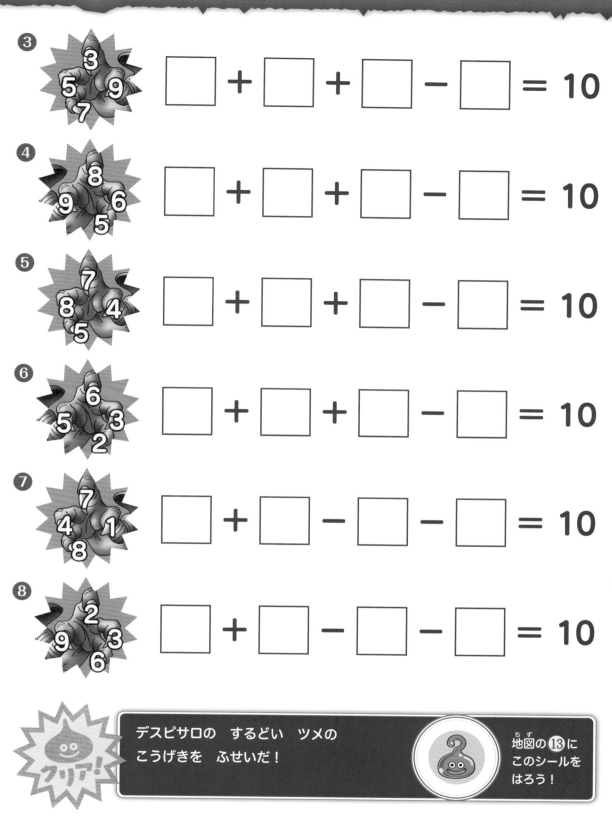 $\square + \square + \square - \square = 10$

❹ $\square + \square + \square - \square = 10$

❺ $\square + \square + \square - \square = 10$

❻ $\square + \square + \square - \square = 10$

❼ $\square + \square - \square - \square = 10$

❽ $\square + \square - \square - \square = 10$

デスピサロの するどい ツメの
こうげきを ふせいだ！

地図の ⓭ に
このシールを
はろう！

 クリア！

れんぞくで こうげきして
つかれているみたいだよ！

見て！ まおうの まわりに
なにか あらわれたわ！

デスピサロの うごきを ふうじよう！

とう4かい

はてなスライム まおうを かこむように マス目が たくさん
あらわれたよ！ あれは すごろくかも!?
サイコロも でてきたよ！

総合問題
クリアした日
月　日

デスピサロは まわりを かこむ すごろくを
スタートから ゴールまで 1しゅうすれば
うごきを ふうじることができます。右の
サイコロを つかって 1しゅうしましょう。

1から 6の 目が ある
サイコロを いちどに 1こ ふる

スタートを 1マス目として サイコロを 2回 ふると ア マスに
ちょうど つきました。このとき サイコロで 2と 4は 出ていません。
サイコロは いくつと いくつの 数字が 出たでしょう。

答え　　　　　　　　と

 ①に つづいて サイコロを 2回 ふると イ の マスに
ちょうど つきました。いくつと いくつの 数字が 出たでしょう。

答え　　　　　　　　と

 ②に つづいて サイコロを 3回 ふると ウ の マスに
ちょうど つきました。3回中 6は 何回 出たでしょう。

答え　　　　　　　　回

 ③に つづいて サイコロを 5回 ふると 4、5、2、3、3の
数字が 出ました。たどりついた マス目は どこでしょうか。
左の ページの たどりついた マスに ○を つけましょう。

⑤に つづいて サイコロを ふろうとしましたが、デスピサロが
すこし うごいたため、3マスぶん 先に すすみました。
そのあと、サイコロを 3回 ふると、1回目と 3回目に 5が
出て ちょうど ゴールに とうちゃくしました。
2回目の サイコロで いくつの 数字が 出たでしょう。

答え

 クリア！

デスピサロの うごきを ふうじた！
デスピサロは うごかなくなった。

地図の⑭に
このシールを
はろう！

 また まおうの うごきを
ふうじることが できたよ！

つぎは 5かいだね！
しんちょうに すすもう！

ミルドラースと そのはいかが あらわれた!

はてなスライム

まおうたちの ラッシュが はげしいけど、
5かいにも まおうが まちかまえているよ!
しかも ひとりでは ないみたい! 気をつけてね!

文章問題
クリアした日
月 日

ミルドラースは キラーマシンを 2体 つれて あらわれました。
ミルドラースたちが ゆうしゃたちの HP(体力)に あたえる
こうげきの ダメージは
下のようになります。
ミルドラースたちからの
こうげきに たえて、はんげきの
きかいを ねらいましょう。

メラゾーマは 大きな
火の玉を とばす じゅもん。
かがやくいきは こおりの
いきを はく わざだよ!

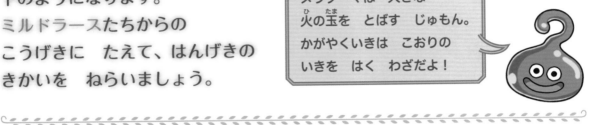

キラーマシンA

つうじょうこうげき
　ひとりに 2のダメージ

はげしくきりつける
　ひとりに 4のダメージ

ミルドラース

メラゾーマ
　ひとりに 5のダメージ

かがやくいき
　ぜんたいに 4のダメージ

キラーマシンB

つうじょうこうげき
　ひとりに 2のダメージ

はげしくきりつける
　ひとりに 4のダメージ

ゆうしゃ・女の子

HP(体力:30こ)
○○○○○○○○○○
○○○○○○○○○○
○○○○○○○○○○

ゆうしゃ・男の子

HP(体力:30こ)
○○○○○○○○○○
○○○○○○○○○○
○○○○○○○○○○

ミルドラースは　ゆうしゃ・男の子に　メラゾーマを　1回
はなちました。さらに、ゆうしゃたちに　かがやくいきで　1回
こうげきしました。
キラーマシンＡが　ゆうしゃ・男の子に　はげしくきりつける
こうげきを　1回　してきました。
ゆうしゃ・男の子と　女の子の　のこりの　HPは　いくつでしょう。

答え　男の子　　　　　　　　　　　女の子

 ❶に　つづいて、キラーマシンＢが　はげしくきりつける　こうげきを
してきましたが、ゆうしゃ・男の子は　これを　かわしました。
キラーマシンＡが　つうじょうこうげきを　3回と
はげしくきりつけるこうげきを　1回で　ゆうしゃ・女の子に　ダメージを
あたえました。さらに、ミルドラースが　かがやくいきを　1回　はなちました。
ゆうしゃ・男の子と　女の子の　のこりの　HPは　いくつでしょう。

答え　男の子　　　　　　　　　　　女の子

 ❷に　つづいて、ミルドラースが　ゆうしゃ・男の子に
メラゾーマを　2回　はなちました。
キラーマシンＢが　はげしくきりつける　こうげきを　2回、
キラーマシンＡが　つうじょうこうげきを　1回、
ゆうしゃ・女の子に　くり出しました。
ゆうしゃ・男の子と　女の子の　のこりの　HPの　合計は
いくつでしょう。

答え

ミルドラースと　キラーマシンたちの
こうげきを　たえきった！

地図の⑮に
このシールを
はろう！

 だいじょうぶ!?　ふたりの
へった　HPを　かいふくするよ！

よーし！　こんどは　こちらの
こうげきの　ばんよ！

ゆうしゃ・男の子：こんどは こちらの はんげきの チャンスだよ！
れんぞくこうげきで ラッシュを かけて、
一気に まおうを たおそう！

文章問題

クリアした日

月　日

ゆうしゃたちが こうげきすると
ミルドラースたちの HP(体力)に
あたえる ダメージは
下のようになります。
ミルドラースたちを たおしましょう。

ギガスラッシュは
光の けんの
かいてんぎり、
ギガデインは
光の じゅもんだよ！

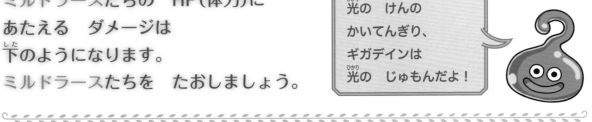

ゆうしゃ・女の子

つうじょうこうげき
ひとりに
2のダメージ

ギガデイン
ひとりに
5のダメージ

かいしんのいちげき
ひとりに
6のダメージ

ゆうしゃ・男の子

つうじょうこうげき
ひとりに
2のダメージ

ギガスラッシュ
ぜんたいに
3のダメージ

かいしんのいちげき
ひとりに
6のダメージ

キラーマシンA

ミルドラース

キラーマシンB

HP(体力：20こ)

○○○○○○○○○○
○○○○○○○○○○

HP(体力：60こ)

○○○○○○○○○○
○○○○○○○○○○
○○○○○○○○○○
○○○○○○○○○○
○○○○○○○○○○
○○○○○○○○○○

HP(体力：20こ)

○○○○○○○○○○
○○○○○○○○○○

ゆうしゃ・男の子は　つうじょうこうげきを　5回　れんぞくで
くり出して　キラーマシンA　こうげきしました。
ゆうしゃ・女の子は　ギガデインを　キラーマシンAと　キラーマシンB に
それぞれ1回ずつ　はなちました。
さらに　ゆうしゃ・男の子が　ギガスラッシュを　1回　はなちました。
キラーマシンAと　キラーマシンBの　のこりHPの　合計は　いくつでしょう。

答え _____

  に　つづいて、ゆうしゃ・女の子は　つうじょうこうげきで　6回
れんぞくで　くり出して　キラーマシンBを　こうげきしました。
さらに　ゆうしゃ・男の子が　ギガスラッシュを　1回　はなつと、
キラーマシンAと　キラーマシンBを　たおすことができました。
その後　ゆうしゃ・男の子と　ゆうしゃ・女の子は　ミルドラースに
1回ずつ　かいしんのいちげきを　はなちました。
ミルドラースの　のこりのHPは　いくつでしょう。

答え _____

  に　つづいて、ゆうしゃ・女の子が　かいしんのいちげきを　1回
はなち　ミルドラースを　こうげきしました。
この後、ゆうしゃ・男の子と　ゆうしゃ・女の子が　同じ　回数だけ
つうじょうこうげきをして　ミルドラースの　HPを　ちょうど　0に
へらしました。ゆうしゃ・男の子と　ゆうしゃ・女の子は　何回ずつ
つうじょうこうげきを　くり出したでしょうか。

答え _____ 回ずつ

 ミルドラースと　キラーマシンたちを
たおした！　ミルドラースが　しんの
すがたを　あらわす……！

 地図の⑯に
このシールを
はろう！

 たいへん！　まおうの　体が
ふくらんで　いくわ！

おそろしい　すがたに
へんしんしていくよ!!

へんしんした まおうから すごく 大きな 力を かんじるよ！ 強力な じゅもんを となえる じゅんびを しているのかも!? 気をつけて！

はてなスライム

とう5かい

文章問題

クリアした日

月　日

きょだいな すがたに へんしんした まおうミルドラースは
ばくはつの じゅもん イオナズンを となえて あたりいちめんに
◯、△、□の 図形や 数字を ばらまいてきました。
もんだいに 答えて イオナズンを ふせぎましょう。

まおうミルドラース

●、△、□には 1から 30までの 数字が ありますが、
じつは 2つだけ ぬけている 数字が あります。
この 2つの 数字を 足すと いくつになるでしょう。

答え _____

 ●の いちばん 小さな 数字と、△の いちばん 小さい 数字を
かけ算すると いくつになるでしょう

答え _____

 □の 中で 2ばん目に 大きい 数字から、●の 中で 3ばん目に
大きい 数字を 引くと いくつになるでしょう。

答え _____

 ●の 数字を ぜんぶ 足すと いくつになるでしょう。

答え _____

 ●、△、□の 中で いちばん 大きい 数字どうしを 足すと
いくつになるでしょう。

答え _____

 まおうミルドラースの 強力な じゅもん
イオナズンを ふせぎきった！

 地図の ⑰に
このシールを
はろう！

 ばくはつに まきこまれる
ところだったよ！

いまの じゅもんで
てんじょうが くずれそう!?

まおうミルドラースの うごきを ふうじよう！

とう5かい

はてなスライム あわわ、今の じゅもんで てんじょうが くずれて おちてきたよ！ でも これで まおうの うごきを とめられるかも！

計算問題
クリアした日
月　日

まおうミルドラースの うごきを ふうじるように てんじょうから ブロックが おちてきました。この ブロックの おもさを ふやすために、右ページの ❶から ❾の 計算の 答えが より 大きいほうの カタカナを 下の □の中に 書きましょう。

❶　❷　❸　❹　❺　❻　❼　❽　❾

まおうミルドラース

❶
テ 11 + 22 = ☐
マ 20 + 12 = ☐

❷
オ 2 × 4 = ☐
ン 3 × 3 = ☐

❸
ウ 8 + 13 = ☐
ク 11 + 11 = ☐

❹
ミ 25 + 15 = ☐
ウ 30 + 20 = ☐

❺
ノ 6 × 6 = ☐
ル 7 × 5 = ☐

❻
ド 32 + 17 + 33 = ☐
ウ 21 + 29 + 32 = ☐
ハ 19 + 26 + 39 = ☐

❼
コ 8 × 5 = ☐
ナ 6 × 7 = ☐
ラ 9 × 4 = ☐

❽
ヨ 64 + 13 + 22 = ☐
ア 50 + 21 + 26 = ☐
ケ 41 + 38 + 19 = ☐

❾
ス 6 × 5 = ☐
イ 3 × 9 = ☐
メ 8 × 4 = ☐

クリア！

まおうミルドラースの　うごきを
ふうじた！　まおうミルドラースは
うごかなくなった。

地図の⓲に
このシールを
はろう！

ふぅ、なんとか　うごきを
とめることができたね！

さぁ、つぎは　6かいの
まおうに　いどもう！

デスタムーアの こうげきを はねかえそう

はてなスライム　6かいの まおうは くうちゅうに ういた
おじいさんかな。うわー！ りょうての 近くに
ういた 玉を とつぜん なげてきたよ！

文章問題
クリアした日
月　日

デスタムーアは 左右に ういた 玉を
なげて こうげきしてきましたが、それぞれの
玉の こうげきの 回数が わかれば、
はねかえせます。左右の 玉に 書かれた
ダメージの 数字を ヒントに、
こうげきの 回数を 見切りましょう。

デスタムーア

---

1 デスタムーアが 左右の 玉で 合計 3回 こうげきしたところ、
合計で 62の ダメージとなりました。右と 左の 玉で
それぞれ 何回 こうげきしてきたでしょう。

右 30　　　16 左

合計 ダメージの 62から 左右の
玉の ダメージを 引いて いけば
答えが わかるかも！

答え 右　　　　回、左　　　　回

---

2 デスタムーアが 左右の 玉で 合計 4回 こうげきしたところ
合計で 73の ダメージとなりました。右と 左の 玉で
それぞれ 何回 こうげきしてきたでしょう。

右 13　　　20 左

答え 右　　　　回、左　　　　回

3 デスタムーアが 左右の 玉で 合計 5回 こうげきしたところ 合計で 84の ダメージとなりました。右と 左の 玉で それぞれ 何回 こうげきしてきたでしょう。

右 12　20 左

答え　右　　　　回、左　　　　回

4 デスタムーアは 1回目に 左右の 玉で 合計 3回 こうげきしたあと、2回目に 左右の 玉で それぞれ 1回ずつ こうげきしてきて、合計で 88の ダメージとなりました。1回目の こうげきで 右と 左の 玉で それぞれ 何回 こうげきしてきたでしょう。

右 8　15 左

1回目の こうげき

右 31　26 左

2回目の こうげき

答え　右　　　　回、左　　　　回

デスタムーアの こうげきを はねかえして たおした！ デスタムーアの すがたが かわっていく……！

地図の⑲に このシールを はろう！

ここからが ほんばんだよ！ つぎの こうげきがくる！

きょだいな すがたに へんしんしていくわ！

はてなスライム

あの おじいさんが きょだいな すがたに へんしんして あばれ出したよ！ そのせいで ゆかが バラバラに なって ぬけそうだよ!!

図形問題
クリアした日
月　日

大きな すがたに へんしんした デスタムーアは へやの 中を あばれまわり、まわりの ゆかを バラバラに してしまいました。 ゆかが ぬけると あぶないので、右の ページの ブロックを つかって、下の マスに ならべて ゆかを もとどおりにしましょう。

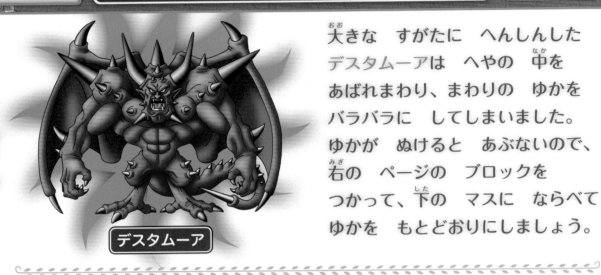
デスタムーア

ゆかの マスが ぜんぶ うまるように 右の ページの ブロックの 形を あてはめて、ならべて かいてみてね！

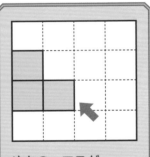

とう6かいの ゆか

バラバラに なった ゆかの ブロック

※ブロックは 回転できません。このままの 向きで あてはめましょう。

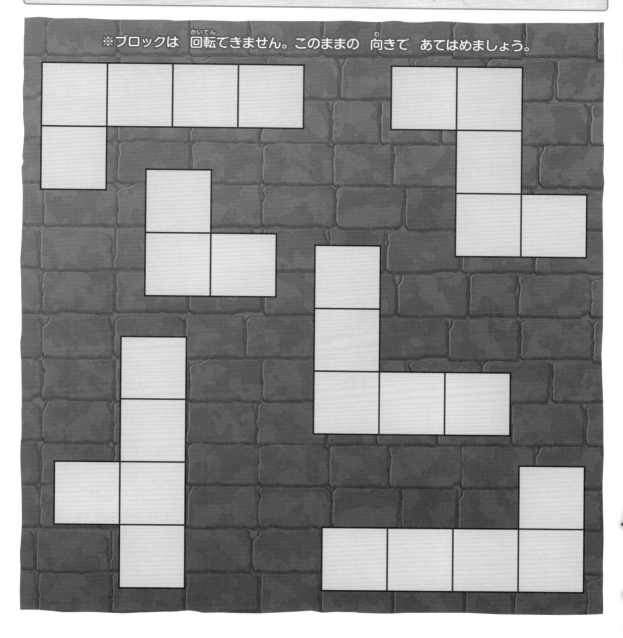

デスタムーアが こわした ゆかを
もとに もどした。デスタムーアが
しんの すがたを あらわす……！

 地図の⑳に
このシールを
はろう！

 えっ？ 2回も へんしんするの!?
顔と 手が ふくらんでいく……！

ゆかが まだ ガタガタで
まっすぐは 近づけないよ！

だいまおうデスタムーアに 近づこう！

ゆうしゃ・男の子

ちょっと はなれた ばしょに 大きな 顔と 左右の 手が あるよ！ 顔と 左右の 手の どれから こうげきしていこう？

文章問題

クリアした日

月　日

だいまおうデスタムーアと　右手と　左手が　あらわれましたが、ゆかが ガタガタで まっすぐ 歩いて 近づけません。歩数を 数えながら だいまおうデスタムーアに 近づいて こうげきしましょう。

だいまおうデスタムーア

右手　　左手

19歩　　34歩　　19歩

1 3歩　　31歩

15歩　15歩　15歩

ア　1 3歩　16歩　16歩

15歩

入口

だいまおうデスタムーアと、右手と 左手の 3かしょまでの
きょりが 近い じゅんばんに ならべて 書きましょう。

いちばん近い 　　　　　 2番目に近い 　　　　　 いちばん遠い

答え _____

 だいまおうデスタムーアまでの きょりと
だいまおうデスタムーアの 右手までの
きょりの ちがいは 何歩ですか？

答え _____ 歩

 ゆうしゃたちは 入口から ア の 地点まで 歩いてから、引きかえして
だいまおうデスタムーアの 左手を 先に たおすことにしました。
だいまおうデスタムーアの 左手まで 合計で 何歩 歩きましたか？

答え _____ 歩

 だいまおうデスタムーアの 左手を たおしたあとで、
だいまおうデスタムーアの 右手を たおすことにしました。
だいまおうデスタムーアの 左手から だいまおうデスタムーアの 右手まで
合計で 何歩 歩きましたか？

答え _____ 歩

だいまおうデスタムーアに 近づいて
左右の 手を たおした！

地図の 21 に
このシールを
はろう！

 遠かったけど 左右の 大きな
手から たおせたね！

これで あとは こわい
顔だけ のこったよ！

だいまおうデスタムーアの うごきを とめよう

大きな 顔の まわりに ☆や ○の マークが
あらわれたよ！ 同じ マークどうしを 線で
つなげば うごきを ふうじられるかも！

はてなスライム

だいまおうデスタムーアの うごきを ふうじるために、
だいまおうデスタムーアの まわりにある ☆や ○などの マークを
線で つないで かこみましょう。
ただし、線を つなぐときは 下の れいの ように 線どうしが
かさならないように してください。

れい

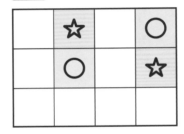
→
○ 線が かさならない
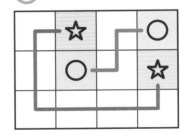
✕ 線が かさなる
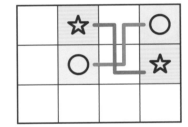

1 れんしゅうです。☆や ○などの 同じ マークを
すべて 線で つなぎましょう。

○と △の 線が
重なりそうだね！
△を 遠まわり
すれば うまく
いくかも？

2 だいまおうデスタムーアの まわりにある ☆や ○などの
同じ マークを すべて 線で つなぎましょう。

☆					○
		×		○	☆
		□			◎
					△
	◎				
		△			
	×				□

だいまおうデスタムーア

だいまおうデスタムーアの うごきを
ふうじた！ だいまおうデスタムーアは
うごかなくなった。

地図の **22** に
このシールを
はろう！

よかった！ これで つぎの
かいに すすめるね！

やっぱり だれかが たすけて
くれている 気がするわ。

7かいへの かいだんを のぼろう！

はてなスライム

ここまでで 6体の まおうと たたかったね。
かいだんに すわって 少し 休もうよ！
あれ、また もんだいが 書いてある!?

7かいへの かいだんには 1だんごとに
数字と やじるしが 書かれています。
この数字と やじるしの
ルールを 見ぬいて
□の 中に 答えを
書きましょう。

頭と 体を
しっかり
休めてから
つぎの かいに
いどみたいね！

❼ 7 ➡ 21 ➡ 35 ➡ □

❻ 6 ➡ 17 ➡ □ ➡ 39 ➡ 50

❺ 5 ➡ 12 ➡ 19 ➡ □ ➡ 33

❹ 4 ➡ 10 ➡ □ ➡ 22 ➡ 28

❸ 3 ➡ 6 ➡ 9 ➡ □ ➡ 15

❷ 2 ➡ 4 ➡ □ ➡ 8 ➡ 10

❶ 1 ➡ 3 ➡ 5 ➡ 7 ➡ 9

ならんでいる 数字に
ルールが あるみたい！
この ばあいは 数字が
2ずつ ふえているから
答えが 5に なるのね！

⑭ 75 ➡ 59 ➡ 43 ➡ ▢

⑬ 80 ➡ 67 ➡ 54 ➡ ▢

⑫ 99 ➡ 80 ➡ ▢ ➡ 42 ➡ 23

⑪ 56 ➡ 44 ➡ 32 ➡ 20 ➡ ▢

⑩ 40 ➡ 31 ➡ ▢ ➡ 13 ➡ 4

⑨ 9 ➡ 27 ➡ ▢ ➡ 63 ➡ 81

⑧ 8 ➡ 16 ➡ 24 ➡ ▢ ➡ 40

数字が いくつ
ふえているかと
へっているかが
わかれば、答えが
出そうだね！

もんだいを ときながら 気をつけて
かいだんを のぼった。
とうの 7かいに たどりついた！

地図の ㉓に
このシールを
はろう！

じゅうぶん 休めたわ！
さあ 7かいよ！

よし！ ちゅういしながら
上の かいに すすもう！

とう7かい

ここが 7かいだね！　むこうに ちょっと
あやしい 人が いるけど、あれが まおうかな？
気をつけて 近づいてみよう！

「ホホホ。わたしの くりだす こうげきのうち
ホンモノは ひとつだけ。 あなたたちに
それが みぬけるかしら？」
そう言うと、オルゴ・デミーラは はげしい
こうげきを くり出してきました。計算を といて、
ホンモノの 答えを 見つけましょう。

オルゴ・デミーラ

1 つぎの 計算もんだいの 答えのうち、ひとつだけ 正しい 答えが
あります。その 答えに ○を つけましょう。

$57 + 12 - 14 = 53$

$23 + 12 + 20 = 56$

$80 + 12 - 37 = 54$

$10 + 31 + 19 = 55$

$95 - 26 - 14 = 55$

$18 + 9 + 28 = 56$

$30 + 62 - 37 = 54$

② つぎの 計算もんだいの 答えのうち、ひとつだけ 正しい
答えが あります。その 答えに ○を つけましょう。

6 × 4
= 26

5 × 5
= 30

9 × 3
= 28

8 × 3
= 21

9 × 4
= 38

5 × 9
= 40

7 × 4
= 32

3 × 7
= 24

7 × 6
= 42

5 × 4
= 25

オルゴ・デミーラの こうげきを 見切って
はねかえした！ オルゴ・デミーラが
へんしんする……！

地図の 24 に
このシールを
はろう！

はねかえした こうげきで
あいてを たおせたよ！

きゃあ！ すごく こわい
すがたに へんしんしたわ！

ニセモノの 計算の 答えを 見つけよう！

うわああ！　まおうが ものすごく こわい すがたに へんしんしたよ！　気をつけて！ また 強力な じゅもんを れんぱつしてくるよ！

計算問題
クリアした日
月　日

オルゴ・デミーラ

「ぐはははっ！　つぎは ひとつだけ にせものの こうげきがあるが、それを 見ぬけるかな？」 そう言うと、オルゴ・デミーラは さらなる こうげきを くり出してきました。計算を といて、 答えが まちがえている ニセモノを 見つけて、 こうげきを かわしましょう。

つぎの 計算もんだいの 答えのうち、ひとつだけ 答えを まちがえている ニセモノの こうげきが あります。 その 答えに ○を つけましょう。

$62 + 29 + 20 = 111$

$77 + 22 + 12 = 111$

$24 + 33 + 54 = 111$

$100 + 82 - 71 = 111$

$46 + 18 + 47 = 111$

$41 + 36 + 44 = 111$

$39 + 37 + 35 = 111$

2 つぎの 計算もんだいの 答えのうち、ひとつだけ 答えを まちがえている ニセモノの こうげきが あります。その 答えに ○を つけましょう。

$52 + 39 - 14 = 77$

$100 + 40 - 63 = 77$

$19 + 29 + 29 = 77$

$51 + 100 - 74 = 77$

$85 + 55 - 63 = 77$

$90 + 70 - 83 = 77$

$120 - 30 - 13 = 77$

$68 + 68 - 61 = 77$

$23 + 29 + 25 = 77$

$66 + 88 - 77 = 77$

オルゴ・デミーラの ニセモノの こうげきを 見切った！

地図の㉕に このシールを はろう！

たくさん こうげきしすぎて つかれている みたいだよ！

これで あいての うごきを とめられるかも！

オルゴ・デミーラの うごきを ふうじよう！

はてなスライム じゅもんを れんぱつして あいては つかれて いるみたいだよ！ さあ、いまのうちに、 あいての うごきを ふうじよう！

とう7かい

オルゴ・デミーラの まわりには ⑦から ⑭までの カタカナが あります。下の 計算の 答えが 同じになる カタカナどうしを 直線で つないで オルゴ・デミーラの うごきを ふうじましょう。

⑦ 3の 5ばいの 数は？

答え ＿＿＿＿＿＿＿＿

⑦ 4の 9ばいの 数は？

答え ＿＿＿＿＿＿＿＿

⑦ 8の 3ばいの 数は？

答え ＿＿＿＿＿＿＿＿

⑦ 60の 半分の 数は？

答え ＿＿＿＿＿＿＿＿

⑦ 52から 16を 引いた 数は？

答え ＿＿＿＿＿＿＿＿

⑦ 5の 4ばいの 数は？

答え ＿＿＿＿＿＿＿＿

⑦ 20と 29を 足した 数は？

答え ＿＿＿＿＿＿＿＿

⑦ 55と 17を 足した 数は？

答え ＿＿＿＿＿＿＿＿

⑦ 30の 半分の 数は？

答え ＿＿＿＿＿＿＿＿

⑦ 92から 68を 引いた 数は？

答え ＿＿＿＿＿＿＿＿

⑦ 10の 2ばいの 数は？

答え ＿＿＿＿＿＿＿＿

⑦ 6の 5ばいの 数は？

答え ＿＿＿＿＿＿＿＿

⑦ 9の 8ばいの 数は？

答え ＿＿＿＿＿＿＿＿

⑭ 7の 7ばいの 数は？

答え ＿＿＿＿＿＿＿＿

ア・
イ・
・ウ
・エ
セ・
・オ
ス・
・カ
シ・
サ・
・キ
コ
ケ
ク

オルゴ・デミーラ

オルゴ・デミーラの　うごきを
ふうじた！　オルゴ・デミーラは
うごかなくなった。

地図の㉖に
このシールを
はろう！

よかった、まおうが
うごかなく　なったよ。

つぎは　8かいね！　どんな
まおうが　いるのかしら？

27

ラプソーンが かくしている 数字は？

とう8かい

はてなスライム 8かいに ついたけど だれも いないのかな？
あ！ 小さくて 気が つかなかったけど、
あそこに 何かが ういているよ！

計算問題
クリアした日
月　日

ラプソーンは くうちゅうに ふわふわと
うかびながら 強力な こうげきじゅもんを
となえてきました。ラプソーンが かくしている
数字を 見ぬいて はんげき しましょう。

ラプソーン

れい

この れいの
ばあい、
タテ、ヨコ、
ナナメの どの
ほうこうの
3つの 数字を
足しても 答えが
15に なる。

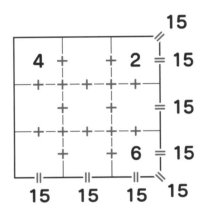

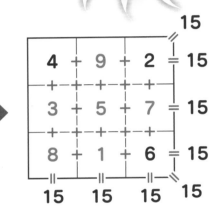

1 右の マスは タテ、
ヨコ、ナナメの どの
ほうこうの 3つの
数字を 足しても
答えが 18に なります。
ラプソーンが いる
マスに 入る 数字は
いくつでしょう。

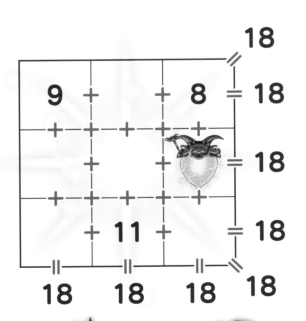

答え _____

2 右の マスは タテ、ヨコ、ナナメの どの ほうこうの 3つの 数字を 足しても 答えが 30に なります。ラプソーンが いる マスに 入る 数字は いくつでしょう。

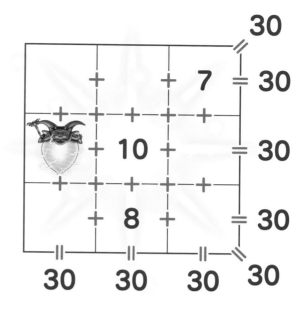

```
              30
  + | + | 7   = 30
  + | 10| +   = 30
  + | 8 | +   = 30
  ====================
  30  30  30   30
```

答え _____

3 右の マスは タテ、ヨコ、ナナメの どの ほうこうの 3つの 数字を 足しても 答えが 30に なります。ラプソーンが いる マスに 入る 数字は いくつでしょう。

```
              30
  + | 15| +   = 30
  19| + | +   = 30
  + | 5 | 17  = 30
  ====================
  30  30  30   30
```

答え _____

ラプソーンの こうげきを 見切って はんげきした！ ラプソーンが しんの すがたを あらわす……！

地図の **27** に このシールを はろう！

小さかった まおうが どんどん ふくらんでいくよ！

ものすごい 大きさに へんしんしていくわ！

ふりそそぐ りゅう星を かわそう！

ゆうしゃ・女の子

まおうが ものすごく 大きな すがたに
へんしんして てんじょうが くらく なってきた……。
あれは!? りゅう星が ふってくるわ！

計算問題

クリアした日

月　日

きょだいな すがたに へんしんした あんこくしんラプソーンは、
たくさんの りゅう星を ふらせて ゆうしゃたちに こうげきしてきました。
計算を といて りゅう星の こうげきを かわしましょう。

あんこくしんラプソーン

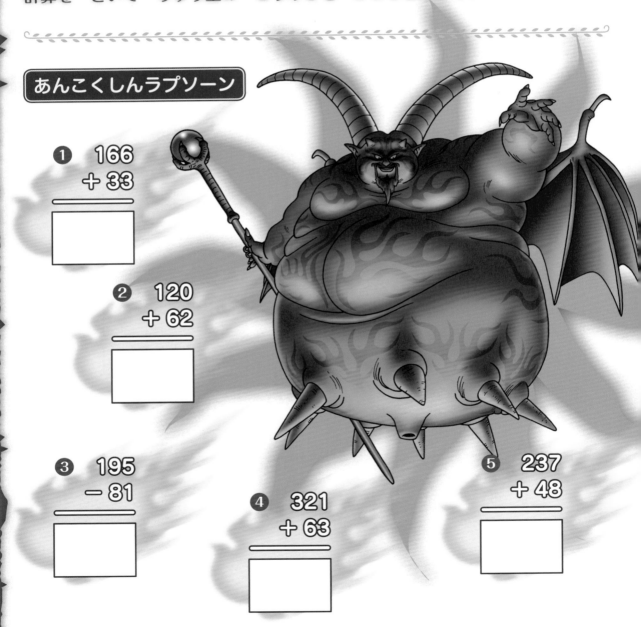

❶
$$166 + 33$$

❷
$$120 + 62$$

❸
$$195 - 81$$

❹
$$321 + 63$$

❺
$$237 + 48$$

⑥
$$140 + 80$$

⑦
$$579 - 57$$

⑧
$$186 - 57$$

⑨
$$466 + 54$$

⑩
$$237 + 48$$

⑪
$$383 - 64$$

⑫
$$359 + 41$$

⑬
$$133 - 72$$

⑭
$$527 + 65$$

⑮
$$123 + 67$$

⑯
$$388 - 79$$

あんこくしんラプソーンの
こうげきを　かわした！

クリア！

地図の㉘に
このシールを
はろう！

りゅう星を　かわすので
せいいっぱいだよ！

でも　これで　あいては
つかれているみたい！

とう8かい

はてなスライム　りゅう星の　こうげきが　はげしかったけど、よけられて　よかったね！　あいては　つかれて　うごきが　にぶくなったみたいだよ！

計算問題　クリアした日　月　日

あんこくしんラプソーンは　こうげきに　力を　つかいはたし　つかれています。右の　れいのように　タテに　書かれた　数字と　ヨコに　書かれた　数字を　かけ算します。その答えを　あんこくしんラプソーンを　かこむ　マスに　書きこんで　うごきを　とめましょう。

れい

	3	6	4
2	6	12	
4	12	24	
3	9		

タテと　ヨコの　数字を　かけ算して　答えを　マスに　書きましょう。

① れんしゅうで、タテと　ヨコに　ならんでいる　数字を　かけ算して　マスの　中を　答えで　うめましょう。

	7	8	5	4	6	9
9						
5						
2						
6						
7						
8						

ぼくが　いる　マスは　答えを　書かなくて　だいじょうぶ！　ぼくを　かこむように　答えを　うめてみてね！

2

タテと ヨコに ならんでいる 数字を かけ算して、
あんこくしんラプソーンを かこむように、マスの 中を 答えで
うめましょう。あんこくしんラプソーンが いる マスには
答えを 書かなくて だいじょうぶです。

	7	8	5	1	3	2	4	6	9
9									
5									
2									
1									
4									
3									
6									
7									
8									

あんこくしんラプソーン

あんこくしんラプソーンの うごきを
ふうじた！ あんこくしんラプソーンは
うごかなくなった。

地図の 29 に
このシールを
はろう！

強かったけど うごきを
とめられた みたいだよ。

しずかに とおりぬけて
9かいに むかいましょう。

はてなスライム むこうに だれか いるよ！ 9かいの まおうかな？
せなかから 大きな はねが はえているね。
気をつけて 近づいてみよう！

「ここを おとずれる 者がいるとは……。
8かいまでの まおうは たおされたのか……。
わが名は エルギオス。
かつて てんしと よばれし者。
おまえたちに わたしの
こうげきを よけられるかな？」
そう言うと、エルギオスは 数字が 書かれた
カードを ゆうしゃたちに とばして
こうげきしてきました！ ? に 入る
数字を 答えて こうげきを かわしましょう。

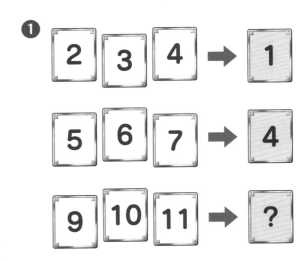

だてんしエルギオス

さいしょの 3まいの カードに 書かれた
数字を ＋（足す）、－（引く）、×（かける）を
組み合わせて 計算すると
➡の 先にある □ の 答えになります。
それぞれの もんだいで ＋、－、×は
どの 計算でも 同じ じゅんばんで
行ないます。
どのように 計算すると いいかを 考えて
? に入る 数字を 答えに 書きましょう。

❶ | 2 | 3 | 4 | ➡ | 1 |

| 5 | 6 | 7 | ➡ | 4 |

| 9 | 10 | 11 | ➡ | ? |

❶の ばあいは さいしょの
2まいの 数字を 足して
その答えと 3まいめの
数字を 計算すれば
いいのかな……？

答え _____

❷

10　5　15　→　**20**

40　10　20　→　**50**

30　15　25　→　**?**

答え _____

❸

3　3　5　→　**14**

5　5　7　→　**32**

7　7　9　→　**?**

答え _____

❹

2　3　4　→　**20**

3　4　5　→　**35**

4　5　6　→　**?**

答え _____

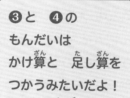

❸と ❹の
もんだいは
かけ算と 足し算を
つかうみたいだよ！

だてんしエルギオスの　こうげきを
かわした！　だてんしエルギオスが
へんしんする……！

地図の❸⓪に
このシールを
はろう！

こうげきを　うまく　かわせたけど
ようすが　おかしいわ！

つばさの　羽が　おちて
へんしん　していくよ……！

はてなスライム

はねに 目の もようが ある すがたに
へんしんしたよ！ うわーーっ！
ぼくを つかんできた！ なげとばされるーー！

だてんしエルギオスは おそろしい
すがたに へんしんすると、さらに
こうげきを しかけてきました。
きゅうに 時間を くるわせたり、
はげしい 水の いきおいで こうげき
したり、はてなスライムも こうげきに
まきこまれて なげとばされて
しまいました。

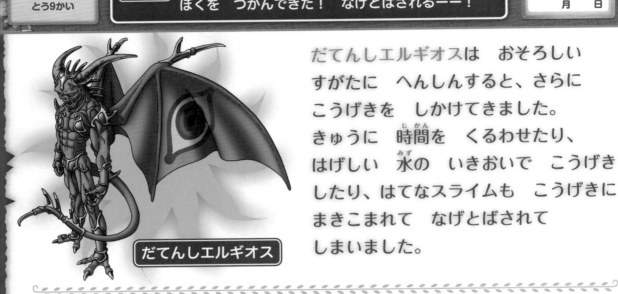
だてんしエルギオス

 だてんしエルギオスは 時間を くるわせる こうげきを しかけてきました。
どんどんと 同じぶんだけ 時間が 進むように なりました。
❶から ❹の 時計は 同じぶんだけ 時間が すすんでいます。
❶から ❸の 時間の すすみかたから ❹の 時計の 時間を
考えて、❹の 時計の はりと その 時間を 書きましょう。

❶11時　　　　　　❷2時30分　　　　　　❸6時

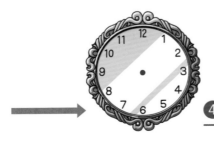

❹ _____

② だてんしエルギオスが なんども 水を ぶつけて こうげき してきました。その 水の りょうは 毎回 同じぶんだけ ふえて、いきおいを ましていきます。❶から ❸の 水の ふえかたから ❹の 水の りょうを 考えて、❹の 水の メモリと りょうを 書きましょう。

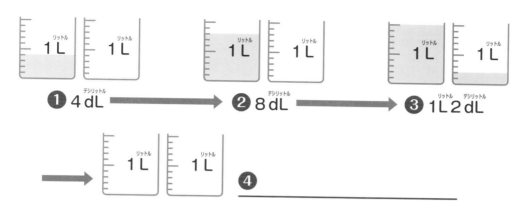

❶ 4dL　　　❷ 8dL　　　❸ 1L 2dL

❹ _____

③ はてなスライムは こうげきに まきこまれて、4かいも なげとばされてしまいました。毎回 同じ ぶんだけ なげられる きょりが 長くなっていきます。❶から ❸の なげとばされた きょりから ❹の 長さを 考えて はてなスライムの ばしょと 長さを 書きましょう。

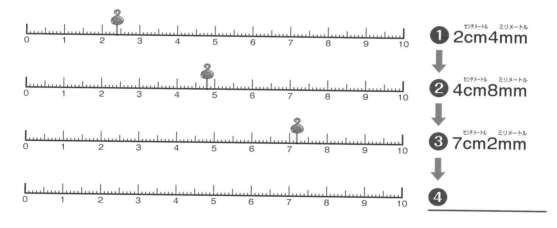

❶ 2cm4mm

❷ 4cm8mm

❸ 7cm2mm

❹ _____

だてんしエルギオスの こうげきを ふせいだ！ なげとばされた はてなスライムも うけとめた！

地図の **31** に このシールを はろう！

はてなスライムを なげるなんて ゆるせないよ！

ピンチだったけど こんどは こうげきの チャンスだよ！

だてんしエルギオスの うごきを とめよう！

はてなスライム　まおうを　かこむように　大きな　ブロックが
あらわれたよ！　これで　まおうの
うごきを　とめることが　できるかも！

だてんしエルギオスを　かこむように　いくつかの　マス目に
わかれた　ア　から　ケ　の　9つの　ブロックが　あらわれました。
ブロックの　マス目の　数を　せいかくに　数えて
だてんしエルギオスの　うごきを　とめましょう。

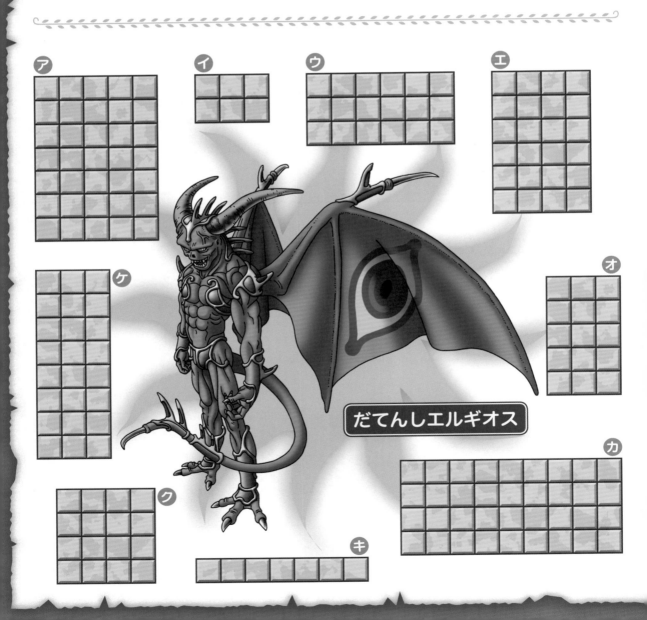

だてんしエルギオス

1 は タテが 2マス、ヨコが 3マスで、マス目の 数を もとめる 式と 答えに すると 下のように なります。同じように との 2つの ブロックも マス目の 数を もとめる 式と 答えを 書きましょう

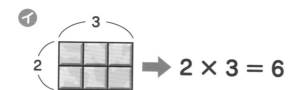

イ

⬛⬛⬛ ➡ 2 × 3 = 6

ア _____   ク _____

2 エの ブロックの マス目の 数と 同じ 数の マス目の ブロックが あります。アから ケの 中から 見つけて 答えましょう。

答え _____

3 アから ケの ブロックの うち、マス目の 数が いちばん 多い ブロックは どれでしょう。

答え _____

4 アから ケの ぜんぶの ブロックの マス目を 合計すると いくつに なるでしょう。

答え _____

だてんしエルギオスの うごきを ふうじた！ だてんしエルギオスは うごかなくなった。

地図の㉜に このシールを はろう！

あと もう少しで とうの いちばん 上の かいだね！

つぎは 10かいだね！ どんな まおうが いるのかな……。

はてなスライム とうとう 10かいに ついたね！ 大きな カマを もった あやしい ふんいきの 人が いるね。うわ、黒い かげが 糸のように 近づいてくる！

めいおうネルゲル

めいおうネルゲルは やみの 力を はりめぐらせて、ゆうしゃたちを こうげきしてきました。こうげきを 見ぬいて かわしましょう。

れい

こうげきは あみだくじに なっています。上から 下へ いどうして、ヨコの 線が ある ばしょは かならず まがります。

1 下の あみだくじで 通る ばしょにある 数字の 合計が めいおうネルゲルの こうげきの ダメージになります。こうげきの ダメージが 大きい じゅんばんに ア から エ を 答えに ならべましょう。

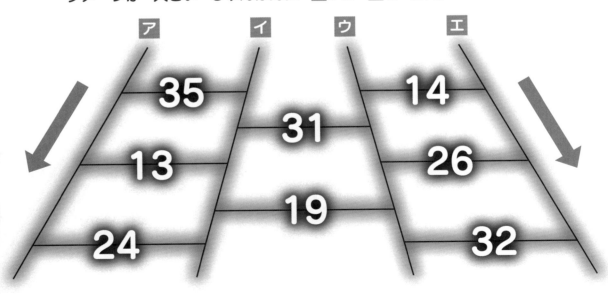

ア　イ　ウ　エ

35　14

31

13　26

19

24　32

答え 　　→　　　→　　　→

② こんどは ゆうしゃたちの はんげきです！
あみだくじを 下から 上へ ぎゃくに
たどって めいおうネルゲルに
大ダメージを あたえましょう。
ただし、□に 書かれた 数字の ときは
＋(足し算)、△に 書かれた 数字の
ときは －(引き算)になります。
あみだくじを 通ったときに
書かれた 数字を 計算して、
いちばん こうげきの ダメージが
大きくなるものを ア から オ の
中から えらんで ○を つけましょう。

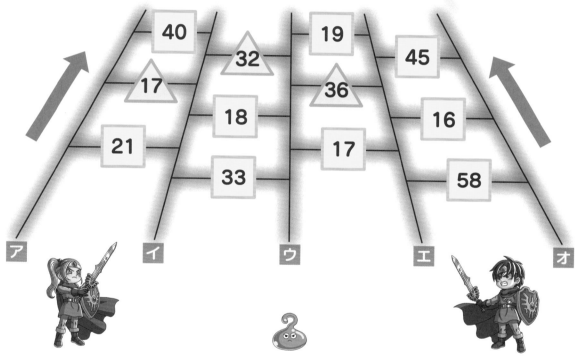

	40		19	
		32		45
17			36	
	18			16
21		17		
	33		58	

ア　イ　ウ　エ　オ

めいおうネルゲルの こうげきを 見ぬいて
はんげきした！ めいおうネルゲルが
しんの すがたを あらわす……！

地図の **33** に
このシールを
はろう！

はんげきで たおせたけど
黒い やみが 広がっていくよ！

きょだいな けもののような
すがたに へんしんしていくわ！

はげしい こうげきを きりぬけよう！

とう10かい

はてなスライム

おそろしい けもののような すがたに
へんしんした まおうを かこむように、
じめんに まほうじんが あらわれたよ！

総合問題

クリアした日

月　日

めいじゅうおうネルゲルは こうげきの はんいが 大きく、
○が 3つ ならんだ はんいを いちどに こうげきしてきます。
このとき 3つの ○の 数字の 合計が ダメージになります。
こうげきの ダメージを 見切って
上手に かわしましょう。

この ばしょが こうげきされたばあい、
3つ ならんだ ○の 数字を 足した
80の ダメージに なるんだね！

30　30
20　　　20
30　　めいじゅうおうネルゲル　　10
35　　　　55
10　　　　15
25　　　　25
50　　　　15
25　20　45

1 めいじゅうおうネルゲルは　右手を　ふりまわして　ドカーンと
こうげきしてきました。こうげきされた　はんいに　ある　3つ
ならんだ　◯の　数字を　合計すると　75に　なりました。
3つの　数字を　それぞれ　答えましょう。

答え　　　　　、　　　　　、

2 めいじゅうおうネルゲルは　しっぽを　ブンと　ふりまわして
こうげきしてきました。こうげきされた　はんいに　ある
3つの　◯の　うち、2つの　数字が　15でした。
ダメージの　合計は　いくつでしょう。

答え

3 めいじゅうおうネルゲルは　あばれまわって、(55)、(45)、(35)のある
3つの　ばしょを　こうげきしてきました。この　3かしょのうち
ダメージの　合計が　ちょうど　90になる　ばしょが
ありました。それは　(55)、(45)、(35)のうち　どれがある　ばしょでしょう。

答え

4 めいじゅうおうネルゲルが　力を　ためて　思いっきり
こうげきすると、合計のダメージの　数字が　いちばん　大きく　なりました。
この　こうげき　はんいに　ある　3つ　ならんだ　◯の
数字を　合計すると　いくつになるでしょう。

答え

めいじゅうおうネルゲルの
はげしい　こうげきを　ふせいだ！

地図の㉞に
このシールを
はろう！

うごきが　大きいから
なんとか　かわせたね！

見て！　じめんの
まほうじんが　光りはじめたわ！

たたかいの ぶたいを 走りまわろう！

まおうは　こうげきしすぎて　つかれているみたい！
あ！　ゆかの　まほうじんが　光っているよ！
これで　うごきを　とめられるかも！

たたかいの　ぶたいに　なっている　まほうじんの　まわりを
ぐるぐると　走れば、めいじゅうおうネルゲルが　目を　まわして
うごきを　とめられそうです。しゅういに　ある◯　の　数字を　1から
じゅんばんに　ひとつずつ　ふみながら　走りましょう。

①→②→③と ◯を ひとつずつ じゅんばんに
ふみながら まわりはじめて ◯を 34回 ふみました。
今いる 場所の ◯の 数字は いくつでしょう。

1しゅうすると ⑮だから
2しゅうすると ◯を 30回
ふむことになるね！ 34回
ふむには あと なん回
ふめばいいかな？

答え _____

 ①から じゅんばんに まわりはじめて ◯を 62回 ふみました。
今いる 場所の ◯の 数字は いくつでしょう。

答え _____

 スピードを あげるために ◯を ひとつ とびこえて
①→③→⑤と ジャンプして じゅんばんに まわります。
9回 ジャンプしたときに いる場所の ◯の 数字は いくつでしょう？

答え _____

 さらに スピードを あげるために ◯を 3つ とびこえて
①→⑤→⑨と ジャンプして じゅんばんに まわります。
11回 ジャンプしたときに いる場所の ◯の 数字は いくつでしょう？

答え _____

めいじゅうおうネルゲルは 目を
まわした！ めいじゅうおうネルゲルは
うごかなくなった。

地図の ㉟に
このシールを
はろう！

 つぎが さいごの
まおうとの たたかいね！

よし、11かいへの
かいだんを のぼろう！

36

じゃしんニズゼルファの れんぞくこうげき！

ゆうしゃ・女の子
ものすごく 体が 大きい まおうだけど、
いよいよ さいごの たたかいだね！
あ！ こうげきがくるよ！ みんな、気をつけて！

じゃしんニズゼルファは 大きく いきを すうと、もえるように あつい
はげしいほのおや、凍えるほど つめたい かがやくいきを はいて
こうげきしてきます。さらに カミナリの じゅもんも あわせて
つかってきました。計算を といて こうげきを みきわめて
かわしましょう。

❶ 163 ＋ 47

=

❷ 235 － 75

=

❸ 10 × 5

=

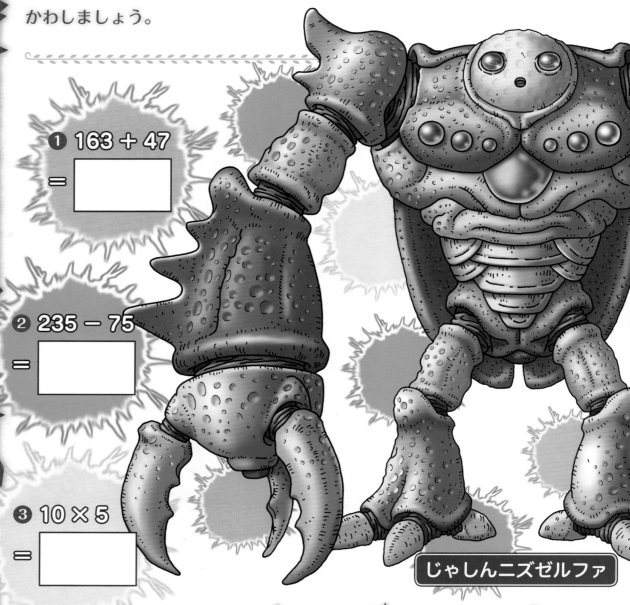

じゃしんニズゼルファ

④ 345 + 76

=

⑤ 716 − 84

=

⑥ 4 × 11

=

⑦ 3 × 12

=

⑧ 357 − 60

=

⑨ 500 + 45 + 10

=

⑩ 1000 + 110

=

⑪ 423 − 56

=

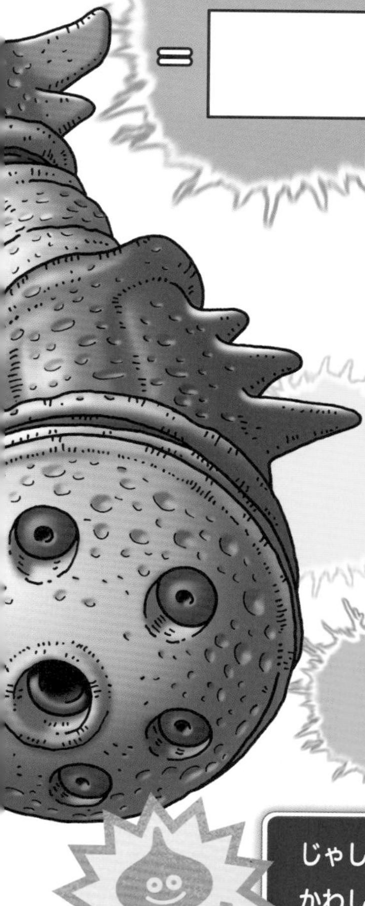

クリア！

じゃしんニズゼルファの こうげきを
かわした！ じゃしんニズゼルファの かめんが
われて すがおが あらわれた……！

地図の 36 に
このシールを
はろう！

顔が おこっているみたい！
本気で こうげきしてくるよ！

えっ？ てんじょうから
大きな いん石が ふってきた!?

37

きょだいな いん石を くだいて かわそう！

とう11かい

ゆうしゃ・男の子

てんじょうが くらく なったと 思ったら
きょだいな いん石が ふってきた！
このままだと ぜんいん つぶされるよ!!

かめんが われた じゃしんニズゼルファは
きょだいな いん石を 空から ふらせて
こうげきしてきました。 いん石に
書かれた 数字を 見ぬいて、
いん石を くだいて
こうげきを かわしましょう。

じゃしんニズゼルファ

いん石②

10			1000
20	200		キ
カ			3000

いん石①

2		3	エ		→
4			8	イ	12
6	オ↓		ア		
8		↓		20	ウ
10	15	20	25	30	

いん石③

81	64	ケ
ク	25	16
9		1

いん石❶の 数字は ある ルールで ならんでいます。
そのルールを みぬいて ア、イ、ウに 入る 数字を 答えましょう。

答え ア ＿＿＿＿＿＿＿、イ ＿＿＿＿＿＿＿、ウ ＿＿＿＿＿＿＿

 いん石❶の エと オの やじるしの 線には 4つの 数字が あります。
やじるしの 線にある 4つの 数字を それぞれ ぜんぶ 足したときに、
合計の 数字が 大きいのは エと オの どちらでしょう。

答え ＿＿＿＿＿＿＿＿＿

 いん石❷の 数字は いん石❶とは ちがう、ある ルールで
ならんでいます。そのルールを みぬいて カ、キに 入る
数字を 答えましょう。

答え カ ＿＿＿＿＿＿＿、キ ＿＿＿＿＿＿＿

 いん石❸の 数字は いん石❶や いん石❷とは ちがう、
ある ルールで ならんでいます。そのルールを みぬいて
ク、ケに 入る 数字を 答えましょう。

答え ク ＿＿＿＿＿＿＿、ケ ＿＿＿＿＿＿＿

 クリア！

きょだいな いん石を くだいて
こうげきを かわした！

 地図の㊲に
このシールを
はろう！

あぶなかったけど、まおうも
つかれているみたい！

これで まおうの うごきを
とめられそうだね！

38

さいごの たたかいに いどもう！

とう11かい

はてなスライム

さぁ ついに さいごの たたかいだよ！
てんじょうから 光が さしこんできたよ！
これで まおうを とめられそうだよ！

計算問題
クリアした日
月　日

❶　　131
　　－　94

❷　　　49
　　＋　79

❸　　176
　　－　87

❹　　152
　　－　85

❺　　　12
　　×　　4

❻　　157
　　－118

❼　　　98
　　＋　58

❽　　120
　　－　33

❾　　188
　　－　97

じゃしんニズゼルファ

てんじょうから　じゃしんニズゼルファを
かこむように　光の　おりが　あらわれました。
まずは　❶から　❾の　計算を　といて　☐の
中に　答えを　書きましょう。その答えの　数字を
組み合わせて　正しい　計算式を　作ります。
アから　ケの　☐に　数字を　書いて、
じゃしんニズゼルファの　うごきを　とめましょう。

れい

計算の　答えの　数字を　3つ　組み合わせて、あらたな
計算式を　作ります。その計算式が　正しくなるように
❶から　❾の　答えを　アから　ケに　書きましょう。

ア	
+ イ	
ウ	

エ	
+ オ	
カ	

キ	
+ ク	
ケ	

やったー！　ついに　さいごの
まおうの　うごきが　とまったよ！

かいだんが　あらわれたわ！
上へ　のぼりましょう！

ゆうしゃたちは　たくさんの　なぞに　あふれ
高く　そびえたつ　サンスウ神のとうの
いちばん　上の　へやに　たどりつきました。

11体の　まおうが　まちかまえ、
だれひとりとして　のぼれなかった　とうを
算数の　チカラで　のぼりきったのです。

へやの　中では　大きな　石ばんが　かがやいており、
そこには　こう　書かれていました。
「わたしは　サンスウの神。
いつか　おとずれる　せかいの　ききを　のりこえるため、
算数の　チカラを　きたえる　力だめしの　もくてきで
このとうを　たてました。

とうの　まおうたちは　ほんものでは　ありませんでしたが、
それと　同じぐらいの　強大な　力を　もたせていました。

これらの　まおうを　しりぞけて　このへやに　たどりつける
ものが　いるなら、そのものは　きっといつか
算数の　チカラで　せかいを　すくってくれるでしょう。

とうの　せいは　おめでとう。
せかいを　おねがいします」

ゆうしゃたちは　サンスウ神の　ことばを　むねに　きざみ
とうを　あとにしました。

これからも　算数の　チカラを　高めるために
ぼうけんを　つづけていきます。

いつの日か　せかいを　すくうために。

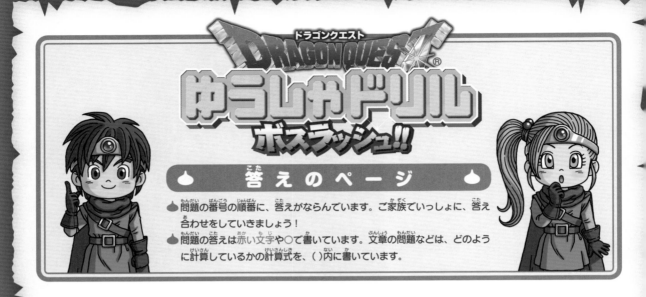

答えのページ

● 問題の番号の順番に、答えがならんでいます。ご家族でいっしょに、答え合わせをしていきましょう！
● 問題の答えは赤い文字や○で書いています。文章の問題などは、どのように計算しているかの計算式を、（ ）内に書いています。

① とうの 入口の とびらを あけよう！

❶

❷

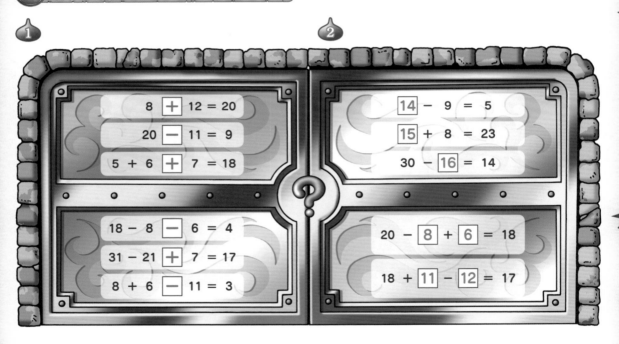

$8 + 12 = 20$

$20 - 11 = 9$

$5 + 6 + 7 = 18$

$14 - 9 = 5$

$15 + 8 = 23$

$30 - 16 = 14$

$18 - 8 - 6 = 4$

$31 - 21 + 7 = 17$

$8 + 6 - 11 = 3$

$20 - 8 + 6 = 18$

$18 + 11 - 12 = 17$

② 入口の 石ばんの あんごうを とこう！

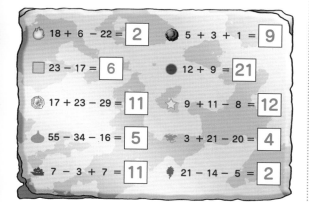

- 18 + 6 − 22 = **2**
- 5 + 3 + 1 = **9**
- 23 − 17 = **6**
- 12 + 9 = **21**
- 17 + 23 − 29 = **11**
- 9 + 11 − 8 = **12**
- 55 − 34 − 16 = **5**
- 3 + 21 − 20 = **4**
- 7 − 3 + 7 = **11**
- 21 − 14 − 5 = **2**

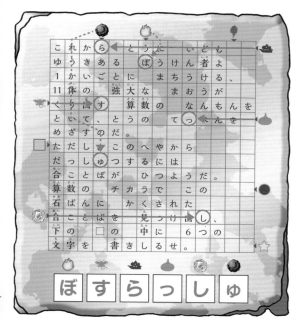

こ	れ	か	ら	と	う	に	い	ど	も
ゆ	う	き	あ	る	ぼ	う	け	ん	者	よ
1	か	い	ご	と	に	ま	ち	う	が
11	体	の	強	大	な	ま	お	う	が
く	り	出	す	算	数	の	な	ん	も	ん	を
と	い	て	、	と	う	の	て	っ	ぺ	ん	を
め	ざ	す	の	だ	。
た	だ	し	こ	の	へ	や	か	ら
だ	っ	し	ゅ	つ	す	る	に	は
合	こ	と	ば	が	ひ	つ	よ	う	だ	。
算	数	の	チ	カ	ラ	で	こ	の
石	ば	ん	に	か	く	さ	れ	た
合	こ	と	ば	を	見	つ	け	出	し	、
下	の	□	の	中	に	6	つ	の
文	字	を	書	き	し	る	せ	。

| ぼ | す | ら | っ | し | ゅ |

【かいせつ】対応するマークの計算の答えの数字の分だけ、各マークから出ている▼の方向にマス目を数えて、そこにある文字が合ことばの答えになる。

③ りゅうおうが あらわれた！

❶ 3こ

❷ 15分

❸ 40cm

❹ 7人

❺ 45分

| ❶ | ❷ | ❸ |

ケ   エ   カ

| ケ | エ | カ |

【かいせつ】❸は、半分にした図形の向きを変えると、カの形になる。

④ はげしいほのおの こうげきを ふせごう！

❶ 53	❽ 87
❷ 65	❾ 53
❸ 70	❿ 75
❹ 39	⓫ 83
❺ 56	⓬ 42
❻ 46	⓭ 84
❼ 91	

5 りゅうおうの うごきを ふうじよう！

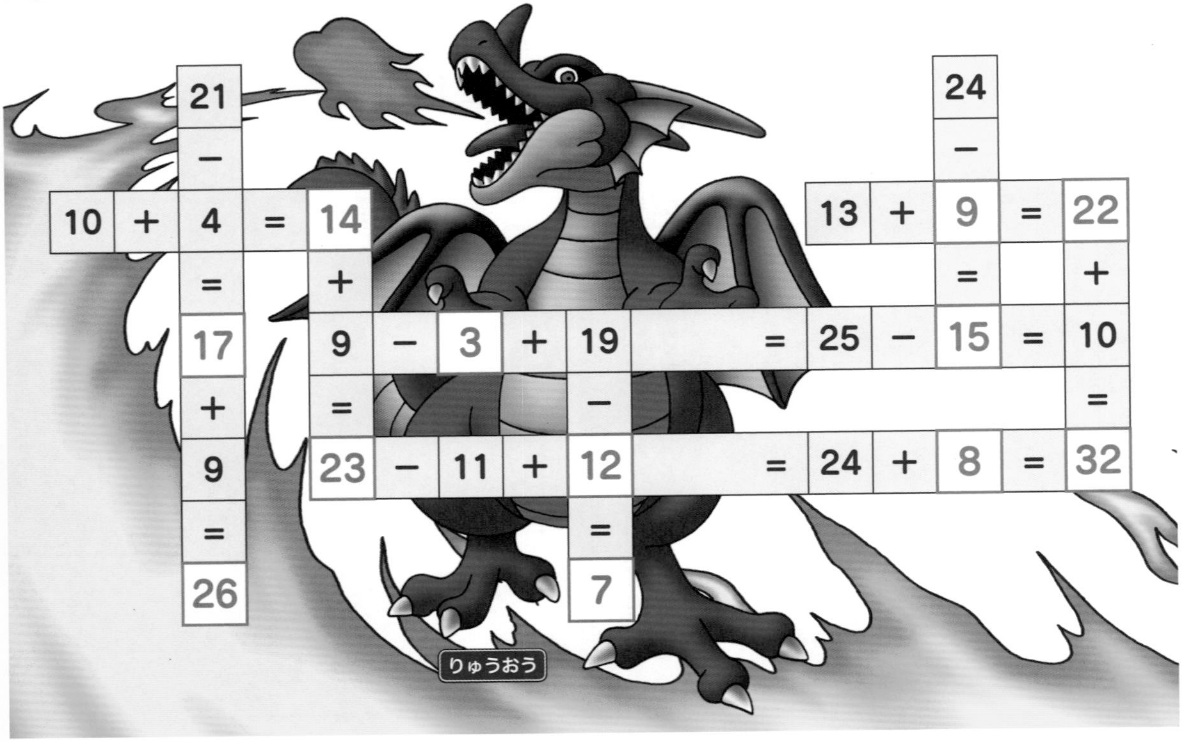
21 − 4 = 17 + 9 = 26
10 + 4 = 14
14 + 9 = 23
9 − 3 + 19 = 25 − 15 = 10
23 − 11 + 12 = 24 + 8 = 32
19 − 12 = 7
24 − 9 = 15
13 + 9 = 22
22 + 10 = 32
りゅうおう

6 はかいしんシドーが おそいかかる！

ア	イ	ウ	エ	オ	カ	キ	ク	ケ	コ
1	5	3	2	9	8	6	4	7	10

【かいせつ】ア＋エ＝3のため、アとエが1と2になる。そして、エ−ア＝1でエのほうが大きい数字のため、エが2、アが1ということが分かる。他の計算式のアとエの箇所に数字を当てはめると、イが5、ウが3、オが9などの数字も分かり、新たにわかった数字で同じようにク、コといった数字も分かる。

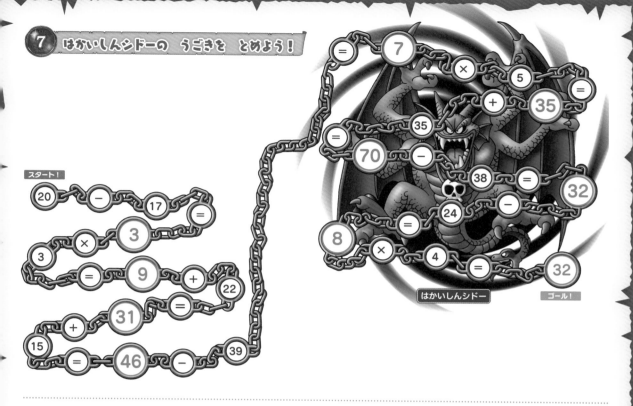

7 はかいしんシドーの うごきを とめよう!

スタート!

20 − 17 = 3 × 3 = 9 + 22 = 31 + 15 = 46 − 39

= 7 × 5 = + 35 = 35 − 70 = 38 = 32 − 24 = 8 × 4 = 32

はかいしんシドー　　ゴール!

8 だいまおうゾーマ とうじょう

※足し算の数字は前後しても正解。計算式の数字も4箇所のいずれかに正しい答えが入っていれば正解。

$80 + 10 = 90$　　$70 + 20 = 90$

$60 + 30 = 90$　　$50 + 40 = 90$

※計算式の数字も4箇所のいずれかに正しい答えが入っていれば正解。

$80 - 60 = 20$　　$70 - 50 = 20$

$40 - 20 = 20$　　$30 - 10 = 20$

※足し算の数字は前後しても正解。引き算の20と10は前後しても正解。計算式の数字も2箇所のいずれかに正しい答えが入っていれば正解。

$60 + 50 + 40 - 30 = 120$

$80 + 70 - 20 - 10 = 120$

※4つの数字はいずれかに正しい答えが入っていれば正解。

50　　30　　20　　10

【かいせつ】最も小さい4つの数字を足すと、10 + 20 + 30 + 40 = 100になる。合計を110にするには、あと10ふやせばよいので、40を50にかえればよい。

9 強力な こおりの じゅもん マヒャド!

❶ 12　　❺ 20　　❾ 28　　⓭ 14

❷ 46　　❻ 7　　❿ 37　　⓮ 18

❸ 3　　❼ 19　　⓫ 19　　⓯ 59

❹ 21　　❽ 23　　⓬ 58

⑩ だいまおうゾーマの うごきを ふうじよう！

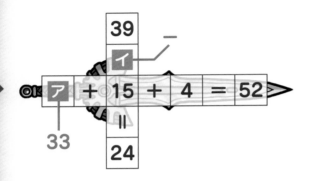

Puzzle 1:
- 39 / イ(−) / 33(ア) / 24
- ア + 15 + 4 = 52

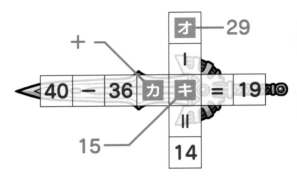

Puzzle 2:
- オ — 29 / 15 (+) / 14
- 40 − 36 カ キ = 19

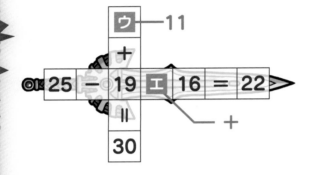

Puzzle 3:
- ウ — 11
- 25 − 19 エ 16 = 22
- エ: +
- 30

ア	イ	ウ	エ	オ	カ	キ
33	−	11	+	29	+	15

= 66

---

⑪ とうの 長い かいだんを のぼろう！

12 まけんしピサロ あらわる！

❶ 24
❷ 16
❸ 25
❹ 56
❺ 27
❻ 48
❼ 28
❽ 36
❾ 36
❿ 21
⓫ 10
⓬ 35
⓭ 4
⓮ 81
⓯ 12
⓰ 24

13 デスピサロの こうげきを ふせごう！

❶ 7 + 4 + 1 − 2 = 10
❷ 9 + 8 − 6 − 1 = 10
❸ 9 + 5 + 3 − 7 = 10
❹ 8 + 6 + 5 − 9 = 10
❺ 8 + 5 + 4 − 7 = 10
❻ 6 + 5 + 2 − 3 = 10
❼ 8 + 7 − 4 − 1 = 10
❽ 9 + 6 − 3 − 2 = 10

14 デスピサロの うごきを ふうじよう！

 1 5と3

【かいせつ】アまでは8マス。2と4を使わずにサイコロの目を2つ足して8になる組み合わせは、5 + 3のみ。

 2 5と6

【かいせつ】イまでは19 − 8 = 11マス。サイコロの目を2つ足して11になる組み合わせは、6 + 5のみ。

 3 2

【かいせつ】ウまでは36 − 19 = 17マス。サイコロの目を3つ足して17になる組み合わせは、6 + 6 + 5のみ。

 4 右の○を参照

【かいせつ】4 + 5 + 2 + 3 + 3 = 17。36 + 17 = 53で、右の○の位置になる。

 5 4

【かいせつ】3マス進むと53 + 3 = 56。ゴールまでのマスは70 − 56 = 14マス。サイコロで2回5が出ているので、14 − 5 − 5 = 4で、答えは4となる。

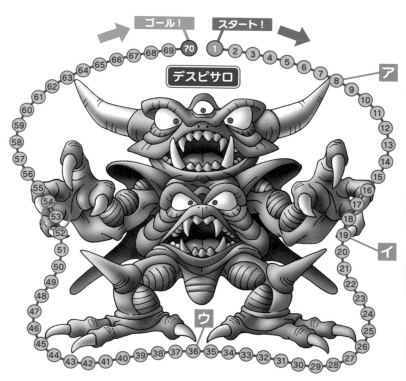

15 ミルドラースと そのはいかが あらわれた！

1 男の子 **17**
(30 − 5 − 4 − 4 = 17)

女の子 **26**
(30 − 4 = 26)

2 男の子 **13**
(17 − 4 = 13)

女の子 **12**
(26 − 2 − 2 − 2 − 4 − 4 = 12)

3 **5**
【かいせつ】ゆうしゃ・男の子の残りHP13からメラゾーマ2回ぶんのダメージを引くと13 − 5 − 5 = 3。ゆうしゃ・女の子の残りHPからはげしくきりつける2回とつうじょうこうげき1回のダメージを引くと12 − 4 − 4 − 2 = 2。3 + 2 = 5になる。

16 ミルドラースたちに はんげきしよう！

1 **14**
【かいせつ】キラーマシンAの残りHPは、20 − 2 − 2 − 2 − 2 − 2 − 5 − 3 = 2。キラーマシンBの残りHPは、20 − 5 − 3 = 12。2 + 12 = 14になる。

2 **42**
【かいせつ】**1**の時点でミルドラースはギガスラッシュを一度受けているので、残りHPは60 − 3 − 3 − 6 − 6 = 42になる。

3 **9回ずつ**
【かいせつ】**1**と**2**の問題でギガスラッシュ2回分のダメージを受けているため、ミルドラースの残りHPは、42 − 3 − 3 = 36。は、42 − 6 = 36。HPからつうじょうこうげきのダメージである2ずつ引いていくと18回になる。それぞれ同じ回数となるには18の半分の9回ずつになる。

17 まおうミルドラースの もうこうを ふせごう

1 **25**
(8 + 17 = 25)

2 **15**
(5 × 3 = 15)

3 **4**
(26 − 22 = 4)

4 **98**
(5 + 11 + 13 + 22 + 23 + 24 = 98)

5 **82**
(24 + 30 + 28 = 82)

18 まおうミルドラースの うごきを ふうじよう！

❶	❷	❸	❹	❺	❻	❼	❽	❾
テ	ン	ク	ウ	ノ	ハ	ナ	ヨ	メ

❶ テ 33
マ 32

❷ オ 8
ン 9

❸ ウ 21
ク 22

❹ ミ 40
ウ 50

❺ ノ 36
ル 35

❻ ド 82
ウ 82
ハ 84

❼ コ 40
ナ 42
ラ 36

❽ ヨ 99
ア 97
ケ 98

❾ ス 30
イ 27
メ 32

19 デスタムーアの こうげきを はねかえそう

① 右1回、左2回
(30 + 16 + 16 = 62)

② 右1回、左3回
(13 + 20 + 20 + 20 = 73)

③ 右2回、左3回
(12 + 12 + 20 + 20 + 20 = 84)

④ 右2回、左1回
【かいせつ】2回目の攻撃のダメージを引くと、88 − 31 − 26 = 31。31から1回目の左右のボールのダメージを計算すると、8 + 8 + 15 = 31となる。

21 だいまおうデスタムーアに 近づこう！

① だいまおうデスタムーア →
右手 → 左手
【かいせつ】それぞれの歩数を足すと、右手15 + 16 + 13 + 15 + 13 + 19 = 91、左手15 + 16 + 15 + 31 + 19 = 96、だいまおうデスタムーア15 + 16 + 15 + 34 = 80。

② 11歩
(91 − 80 = 11)

③ 154歩
(15 + 16 + 13 + 13 + 16 + 16 + 15 + 31 + 19 = 154)

④ 157歩
(19 + 31 + 15 + 16 + 16 + 13 + 15 + 13 + 19 = 157)

20 こわれた ゆかを もとに もどそう

とう6かいの ゆか

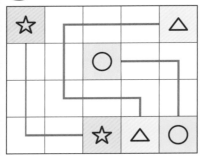

大まおうデスタムーア

---

23 7かいへの かいだんを のぼろう！

⓮ 75 ➡ 59 ➡ 43 ➡ 27

⓭ 80 ➡ 67 ➡ 54 ➡ 41

❼ 7 ➡ 21 ➡ 35 ➡ 49

⓬ 99 ➡ 80 ➡ 61 ➡ 42 ➡ 23

❻ 6 ➡ 17 ➡ 28 ➡ 39 ➡ 50

⓫ 56 ➡ 44 ➡ 32 ➡ 20 ➡ 8

❺ 5 ➡ 12 ➡ 19 ➡ 26 ➡ 33

❿ 40 ➡ 31 ➡ 22 ➡ 13 ➡ 4

❹ 4 ➡ 10 ➡ 16 ➡ 22 ➡ 28

❾ 9 ➡ 27 ➡ 45 ➡ 63 ➡ 81

❸ 3 ➡ 6 ➡ 9 ➡ 12 ➡ 15

❽ 8 ➡ 16 ➡ 24 ➡ 32 ➡ 40

❷ 2 ➡ 4 ➡ 6 ➡ 8 ➡ 10

❶ 1 ➡ 3 ➡ 5 ➡ 7 ➡ 9

24 ホンモノの せいかいを 見つけ出そう！

❶

57 + 12 − 14
= 53

23 + 12 + 20
= 56

80 + 12 − 37
= 54

10 + 31 + 19
= 55

95 − 26 − 14
= 55

18 + 9 + 28
= 56

30 + 62 − 37
= 54

正解以外の正しい答えは
57 + 12 − 14 = 55、23 + 12 + 20 = 55、
80 + 12 − 37 = 55、10 + 31 + 19 = 60、
18 + 9 + 28 = 55、30 + 62 − 37 = 55

❷

6 × 4
= 26

5 × 5
= 30

9 × 3
= 28

8 × 3
= 21

9 × 4
= 38

5 × 9
= 40

7 × 4
= 32

3 × 7
= 24

7 × 6
= 42

5 × 4
= 25

正解以外の正しい答えは
6 × 4 = 24、5 × 5 = 25、9 × 3 = 27、
8 × 3 = 24、9 × 4 = 36、5 × 9 = 45、
7 × 4 = 28、3 × 7 = 21、5 × 4 = 20

25 ニセモノの 計算の 答えを 見つけよう！

❶

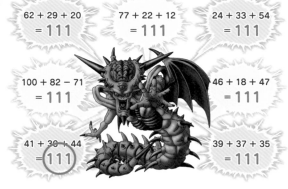

62 + 29 + 20
= 111

77 + 22 + 12
= 111

24 + 33 + 54
= 111

100 + 82 − 71
= 111

46 + 18 + 47
= 111

41 + 36 + 44
= 111

39 + 37 + 35
= 111

正しい答えは
41 + 36 + 44 = 121

❷

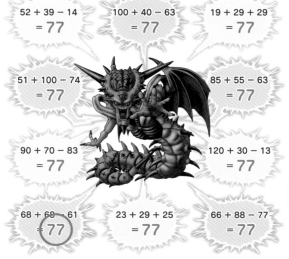

52 + 39 − 14
= 77

100 + 40 − 63
= 77

19 + 29 + 29
= 77

51 + 100 − 74
= 77

85 + 55 − 63
= 77

90 + 70 − 83
= 77

120 + 30 − 13
= 77

68 + 68 − 61
= 77

23 + 29 + 25
= 77

66 + 88 − 77
= 77

正しい答えは
68 + 68 − 61 = 75

26 オルゴ・デミーラの うごきを ふうじよう！

- ⑦ 15
- ⑦ 24
- ⑨ 36
- ⑪ 49
- ⑦ 15
- ⑦ 20
- ⑦ 72
- ⑦ 36
- ⑦ 30
- ⑩ 20
- ⑪ 72
- ⑪ 24
- ⑦ 30
- ⑦ 49

イルゴ・デミーラ

---

27 ラプソーンが かくしている 数字は？

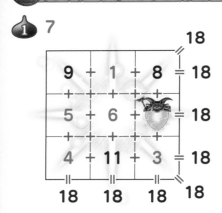
① 7

$$
\begin{array}{ccccccc}
9 & + & 1 & + & 8 & = & 18 \\
+ & & + & & + & & \\
5 & + & 6 & + & \text{?} & = & 18 \\
+ & & + & & + & & \\
4 & + & 11 & + & 3 & = & 18 \\
= & & = & & = & & = \\
18 & & 18 & & 18 & & 18 \\
\end{array}
$$

18（右上）

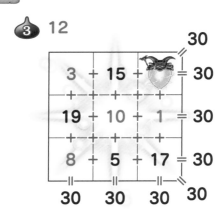
③ 12

$$
\begin{array}{ccccccc}
3 & + & 15 & + & \text{?} & = & 30 \\
+ & & + & & + & & \\
19 & + & 10 & + & 1 & = & 30 \\
+ & & + & & + & & \\
8 & + & 5 & + & 17 & = & 30 \\
= & & = & & = & & = \\
30 & & 30 & & 30 & & 30 \\
\end{array}
$$

30（右上）

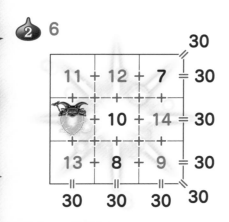
② 6

$$
\begin{array}{ccccccc}
11 & + & 12 & + & 7 & = & 30 \\
+ & & + & & + & & \\
\text{?} & + & 10 & + & 14 & = & 30 \\
+ & & + & & + & & \\
13 & + & 8 & + & 9 & = & 30 \\
= & & = & & = & & = \\
30 & & 30 & & 30 & & 30 \\
\end{array}
$$

30（右上）

❶ 199 　　❺ 285 　　❾ 520 　　⓭ 61
❷ 182 　　❻ 220 　　❿ 285 　　⓮ 592
❸ 114 　　❼ 522 　　⓫ 319 　　⓯ 190
❹ 384 　　❽ 129 　　⓬ 400 　　⓰ 309

---

29 あんこくしんラプソーンの うごきを とめよう！

	7	8	5	4	6	9
9	63	72	45	36	54	81
5	35	40			30	45
2	14	16			12	18
6	42	48			36	54
7	49	56	35	28	42	63
8	56	64	40	32	48	72

	7	8	5	1	3	2	4	6	9
9	63	72	45	9	27	18	36	54	81
5	35	40						30	45
2	14							12	18
1	7							6	9
4	28	32						24	36
3	21	24					12	18	27
6	42	48					24	36	54
7	49	56	35	7	21	14	28	42	63
8	56	64	40	8	24	16	32	48	72

あんこくしんラプソーン

---

30 ?に 入る ナゾの 数字の 答えは？

❶ 8
（9 + 10 = 19、19 − 11 = 8）
【かいせつ】3枚のカードのうち、最初の2枚の数字を足し算して、その答えと3枚目の数字を引き算している。

❷ 40
（30 − 15 = 15、15 + 25 = 40）
【かいせつ】3枚のカードのうち、最初の数字から2枚目の数字を引き算して、その答えと3枚目の数字を足し算している。

❸ 58
（7 × 7 = 49、49 + 9 = 58）
【かいせつ】3枚のカードのうち、最初の2枚の数字を掛け算して、その答えと3枚目の数字を足し算している。

❹ 54
（4 + 5 = 9、9 × 6 = 54）
【かいせつ】3枚のカードのうち、最初の2枚の数字を足し算して、その答えと3枚目の数字を掛け算している。

31 だてんしエルギオスの　こうげき！

 ① **9時30分**

【かいせつ】時計は3時間30分ずつ進んでいるため、6時から3時間30分経過した9時30分になる。

 ② **1L6dL**

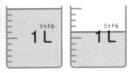

1L　　　1L

【かいせつ】水は4dLずつ増えていっているため、1L2dLに4dLを足した1L6dLになる。

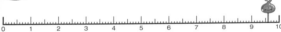 **③** **9cm6mm**

【かいせつ】はてなスライムは2cm4mmずつ遠くへ投げ飛ばされているため、7cm2mmに2cm4mmを足した9cm6mmになる。

---

 32 だてんしエルギオスの　うごきを　とめよう！

① ⑦ 7 × 5 ＝ 35
⑦ 4 × 4 ＝ 16

② **ケ**
（8 × 3 ＝ 24）
【かいせつ】各ブロックのマス数は
⑦ 7 × 5 ＝ 35、⑦ 2 × 3 ＝ 6、⑦ 3 × 6 ＝ 18、
⑦ 6 × 4 ＝ 24、⑦ 5 × 3 ＝ 15、⑦ 4 × 9 ＝ 36、
⑦ 1 × 7 ＝ 7、⑦ 4 × 4 ＝ 16、⑦ 8 × 3 ＝ 24、
となる。⑦のマス数は24なので、同じマス数の⑦が答えとなる。

③ **カ**
（4 × 9 ＝ 36）

④ **181**
（35 ＋ 6 ＋ 18 ＋ 24 ＋ 15 ＋ 36 ＋ 7 ＋ 16 ＋ 24 ＝ 181）

---

 33 かいおうネルゲルの　やみの　こうげき

① **ア → イ → ウ → エ**

【かいせつ】あみだくじをして、それぞれ通る線の上にある数字を足していくと、

⑦ 35 ＋ 31 ＋ 26 ＋ 32 ＝ 124
⑦ 35 ＋ 13 ＋ 19 ＋ 32 ＝ 99
⑦ 14 ＋ 26 ＋ 19 ＋ 24 ＝ 83
⑦ 14 ＋ 31 ＋ 13 ＋ 24 ＝ 82
となるため、ダメージが高い順番は ⑦ → ⑦ → ⑦ → ⑦ となる。

② **イ**

【かいせつ】あみだくじをして、それぞれ通る線の上にある数字を計算していくと、

⑦ 21 ＋ 18 － 36 ＋ 45 ＝ 48
⑦ 33 ＋ 17 ＋ 16 ＋ 45 ＋ 19 ＝ 130
⑦ 33 ＋ 21 － 17 － 32 ＋ 19 ＝ 24
⑦ 58 ＋ 16 － 36 － 32 ＋ 40 ＝ 46
⑦ 58 ＋ 17 ＋ 18 － 17 ＋ 40 ＝ 116
となるため、一番ダメージが高いのは ⑦ となる。

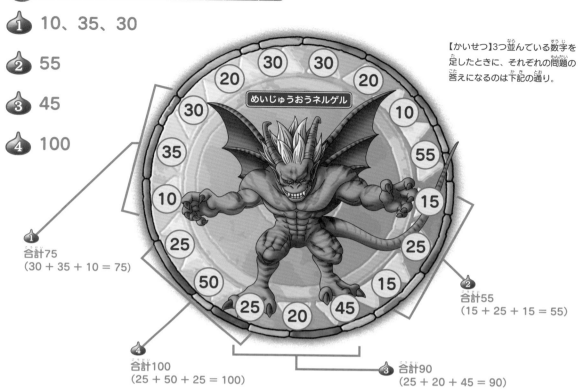

34 はげしい こうげきを きりぬけよう！

🔵 ① 10、35、30

🔵 ② 55

🔵 ③ 45

🔵 ④ 100

【かいせつ】3つ並んでいる数字を足したときに、それぞれの問題の答えになるのは下記の通り。

めいじゅうおうネルゲル

① 合計75
（30 ＋ 35 ＋ 10 ＝ 75）

② 合計55
（15 ＋ 25 ＋ 15 ＝ 55）

④ 合計100
（25 ＋ 50 ＋ 25 ＝ 100）

③ 合計90
（25 ＋ 20 ＋ 45 ＝ 90）

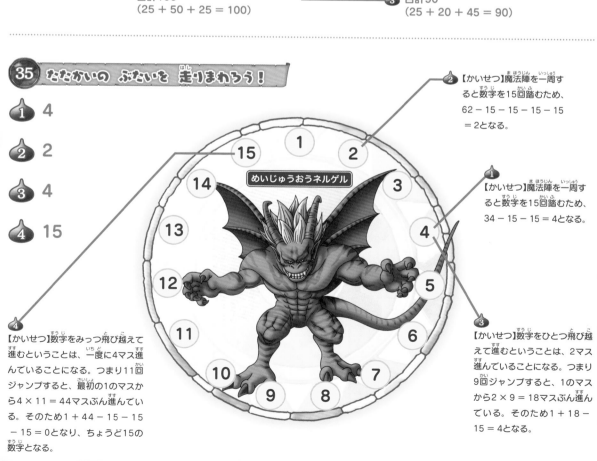

35 たたかいの ぶたいを 走りまわろう！

🔵 ① 4

🔵 ② 2

🔵 ③ 4

🔵 ④ 15

② 【かいせつ】魔法陣を一周すると数字を15回踏むため、62 － 15 － 15 － 15 ＝ 2となる。

① 【かいせつ】魔法陣を一周すると数字を15回踏むため、34 － 15 － 15 ＝ 4となる。

③ 【かいせつ】数字をひとつ飛び越えて進むということは、2マス進んでいることになる。つまり9回ジャンプすると、1のマスから2 × 9 ＝ 18マスぶん進んでいる。そのため1 ＋ 18 － 15 ＝ 4となる。

④ 【かいせつ】数字をみっつ飛び越えて進むということは、一度に4マス進んでいることになる。つまり11回ジャンプすると、最初の1のマスから4 × 11 ＝ 44マスぶん進んでいる。そのため1 ＋ 44 － 15 － 15 － 15 ＝ 0となり、ちょうど15の数字となる。

めいじゅうおうネルゲル

36 じゃしんニズゼルファの れんぞくこうげき!

❶ 210

❷ 160

❸ 50

❹ 421

❺ 632

❻ 44

❼ 36

❽ 297

❾ 555

❿ 1110

⓫ 367

【かいせつ】3桁と2桁の計算などの一部の問題は、2桁と2桁の足し算や引き算の計算のしかたと同じ。

37 きょだいな いん石を くだいて かわそう!

🥤1 **ア** 12　**イ** 10　**ウ** 24

【かいせつ】いん石❶はタテの方向に、それぞれ2の段、3の段、4の段、5の段、6の段の掛け算になっている。**ア**は4の段の4×3＝12、**イ**は5の段で5×2＝10、**ウ**は6×4＝24。

🥤2 **オ**

【かいせつ】**エ**は3＋4＋5＋6＝18、**オ**は3＋6＋9＋12＝30。

🥤3 **カ** 30　**キ** 2000

【かいせつ】いん石❷はタテの方向に、一番上にある数字と同じ数だけ増えている。**カ**は20＋10＝30、**キ**は1000＋1000＝2000。

🥤4 **ク** 36　**ケ** 49

【かいせつ】右下から順番に1から9の同じ数字同士を掛け算した数字が並んでいる。**ク**は6×6＝36、**ケ**は7×7＝49。

38 さいごの たたかいに いどもう!

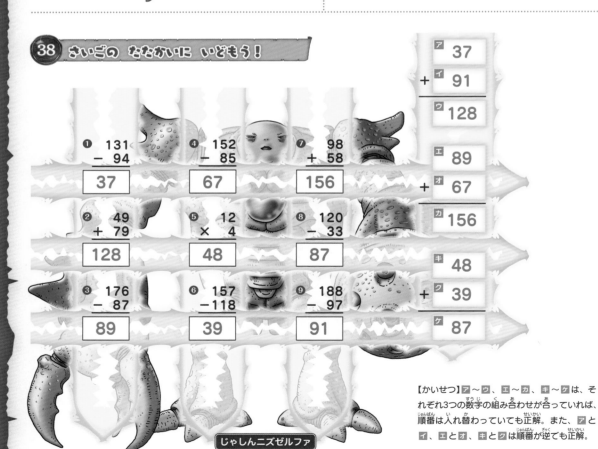

ア	37
＋ **イ**	91
ウ	128

エ	89
＋ **オ**	67
カ	156

キ	48
＋ **ク**	39
ケ	87

❶ 131 − 94 ＝ 37

❹ 152 − 85 ＝ 67

❼ 98 ＋ 58 ＝ 156

❷ 49 ＋ 79 ＝ 128

❺ 12 × 4 ＝ 48

❽ 120 − 33 ＝ 87

❸ 176 − 87 ＝ 89

❻ 157 − 118 ＝ 39

❾ 188 − 97 ＝ 91

【かいせつ】**ア**〜**ウ**、**エ**〜**カ**、**キ**〜**ケ**は、それぞれ3つの数字の組み合わせが合っていれば、順番は入れ替わっていても正解。また、**ア**と**イ**、**エ**と**オ**、**キ**と**ク**は順番が逆でも正解。

じゃしんニズゼルファ